我在星巴克喝咖啡，
用Notebook 上網賺百萬

邱閔渝Marc ∕ 著

Digipreneur

國家圖書館出版品預行編目資料

我在星巴克喝咖啡,用Notebook上網賺百萬 / 邱閔
渝 著. -- 初版. -- 新北市:創見文化出版, 采舍國際
有限公司發行, 2019.01　面;公分-- (優智庫66)
ISBN 978-986-271-847-6 (平裝)

1.電子商務　2.創業　3.網路行銷

490.29　　　　　　　　　　　　　　　　107019334

優智庫66

我在星巴克喝咖啡,用Notebook上網賺百萬

創見文化 · 智慧的銳眼

出版者／創見文化
作者／邱閔渝
總編輯／歐綾纖
主編／蔡靜怡
美術設計／蔡瑪麗

本書採減碳印製流程
並使用優質中性紙
（Acid & Alkali Free）
通過綠色印刷認證,
最符環保要求。

郵撥帳號／50017206 采舍國際有限公司（郵撥購買,請另付一成郵資）
台灣出版中心／新北市中和區中山路2段366巷10號10樓
電話／（02）2248-7896　　　　　傳真／（02）2248-7758
ISBN／978-986-271-847-6
出版日期／2019年3月再版再刷

全球華文市場總代理／采舍國際有限公司
地址／新北市中和區中山路2段366巷10號3樓
電話／（02）8245-8786　　　　　傳真／（02）8245-8718

全系列書系特約展示門市
新絲路網路書店
地址／新北市中和區中山路2段366巷10號10樓
電話／（02）8245-9896
網址／www.silkbook.com

本書於兩岸之行銷（營銷）活動悉由采舍國際公司圖書行銷部規畫執行。

線上總代理 ■ 全球華文聯合出版平台 www.book4u.com.tw
主題討論區 ■ http://www.silkbook.com/bookclub　　　　◎ 新絲路讀書會
紙本書平台 ■ http://www.silkbook.com　　　　　　　　◎ 新絲路網路書店
電子書平台 ■ http://www.book4u.com.tw　　　　　　　◎ 華文電子書中心

Ⓑ 華文自資出版平台　　全球最大的華文自費出版集團
www.book4u.com.tw
elsa@mail.book4u.com.tw　　專業客製化自助出版 · 發行通路全國最強！
iris@mail.book4u.com.tw

知識變現，你也可以！

這是一本關於網路創業的書，透過分享你的知識、人生經驗，

30 天內打造一個年收百萬的線上事業，

這一切只透過一台筆電和一條網路線。

　　你是否在尋找一種事業？這種事業的產品不需要花費你任何成本，你可以用 300，3000，30000，甚至 30 萬以上的價格賣出它。

　　在這種事業裡面，你可以持續發售新產品，而最佳買家會在你發布新產品後立刻把它買回家。

　　你最在意的競爭對手變成你的合作夥伴，跟你一起賺大錢，不再爾虞我詐。

　　即使你從零開始，也不需要投資任何一個產品，在世界上的任何一個地方只要有網路，透過一台筆記型電腦就可以開始管理你的生意。

　　你可以每天睡到自然醒，穿你最喜歡的衣服在星巴克喝著咖啡優雅地工作。然而實際上，大部分的時間我是穿著睡衣在餐桌前工作的。

　　如果你願意，完全不需要有任何的員工，也不需要與任何

人合作。

聽起來是不是很不可思議？覺得不可能？

以上我所描述的，就是我從事這種線上事業將近八年的原因。我藉這個事業養家餬口，想出國的時候就出國，想工作的時候就工作。重點是有更多的時間可以陪伴家人，做自己想做的事，不用看任何人的臉色。

你是不是很好奇這是一種什麼樣的事業呢？

這是一種圍繞著你的興趣所發展的一種事業，是一種符合你生活型態的事業模式。你只需要做你喜歡的事，分享你想說的訊息，或是教某人你會做的某件事，幫助別人過上更好的生活。

在過去，以上所說是天方夜譚，但是現在世界各地到處都有人過著這種生活，我們把這種事業稱為**「知識變現」**，這種新人類稱為**「數位創業家」**。

為什麼想寫這本書呢？

在離開傳統工廠後，我成為數位創業家，我致力於教導學生如何過上和我一樣的生活。

這八年在我與學生互動的過程中，發現很多人一直想要尋找新的突破，想要透過創業讓自己、家人過上更好的生活，實現理想人生，但是卻一直找不到適合的方法。

有些即使賺到了錢，為了工作還是不得不放棄家庭生活和個人夢想，這跟創業的初衷完全背道而馳。

因為市面上有關網路創業的書籍，或是創業課程多半是教人如何做電商，或是如何透過網路找到客戶賣出更多產品。

對於不想做電商，不想跟廠商有太多互動，想要讓生活更簡單一點的人，這種方法卻變成一種甜蜜的負擔。

而且創業的過程總是存在著一些問題讓人停滯不前，這些問題不外乎——

⭐ **不知道賣什麼產品好？**

⭐ **創業需要籌備一筆很大的資金？**

⭐ **如果我辭職了，就沒有穩定的收入來源了？**

⭐ **哪個市場可以賺錢？**

⭐ **每個產品看起來都有人做了，做這個會不會飽和了呢？**

⭐ 進貨需要一筆資金，如果賣不出去怎麼辦？

⭐ 該到哪裡去找客人？

⭐ 如果失敗了怎麼辦？

在運作的過程中，更不想每天無止盡地待在電腦前等客戶，四處到 FB 貼文，論壇發表文章，或是組一個 line@ 群組，做些無意義的行銷宣傳。

這些方法看起來像是行銷，但你我都知道這是在騷擾親朋好友。如果你對自己誠實到殘忍，只要拿起計算機算一算，你會發現去 7-11 打工時薪都還比較高。

更慘的是即使賺到錢，卻像是把生命賣給工作了。每天無止盡地待在電腦前回覆客戶問題。為了解決這些問題，只好開始上更多的銷售課程、時間管理、財務管理，並且每天投入更多時間工作，好像跟事業結婚了。

而且不是每個人都喜歡銷售，像我就是一個極度害怕銷售的人，如果要我用超級業務員的身分出現在客戶面前，我想我大概會餓死，你永遠也看不到這本書了。

很幸運的，我找到了不一樣的路，擁有大多數人想要的夢幻生活，重點是可以很低調地過。所以我想把這個方法分享給跟我有一樣想法的人，或許就是正在讀這段文章的你。

更何況如果有一份工作，可以安穩地過一生，誰會想要冒險創業呢？

這本書是為誰而寫的？

接受吧！這是時勢造英雄的時代了。

現在老闆最喜歡掛在嘴巴的口頭禪就是：我不幹了，藉此威脅員工認真工作。這些老闆總是說著：「你再不認真工作，經濟這麼不景氣，我隨時可以拍拍屁股走人啊！」

這件事不只發生在 40 ～ 50 歲的壯年，甚至剛出社會的社會新鮮人都遇上了，所以我認為有能力給自己更多的保障是很重要的事，畢竟現在的工作誰能保證能一直做下去呢？

有些人是因為想要給家人更好的物質生活，甚至有更多時間陪家人、完成自己的夢想，但是礙於工作不穩定，工時太長，物價漲得比薪水還快，實在很難有多餘的錢以及時間來過上自己想要的生活。

現在已經不是好好讀書找一份工作，就可以讓自己過上好日子的年代了。「創業」已然成為一個全球化的現象了。

可是對於創業，大家的認知都是要先辭掉白天的工作，問題是這樣會缺少穩定收入來源。如果想要開一家店的話，就需要投入一筆資金，裝潢前期的準備往往就要花費半年的時間，但常聽到的是營運三個月後，就經營不善倒閉，欠了一屁股債，令人卻步。

　　另一個熱門選擇是經營網拍，用現在專業的術語來講說是「電商」，這或許輕鬆多了，因為只要不到十萬的資金就可以開始，也可以在晚上兼職這份工作。甚至透過正流行的聯盟行銷，你只要能找到人來購買，就可以做起無本生意。

　　這似乎聽起來很完美？但是不管是要自己進貨賣，或是開店，一樣都會遇上另一個問題——我要開什麼店？我要進什麼貨？我的客人要去哪裡找？

　　當然你也可以考慮當 YouTuber，最起碼這是趨勢，也很酷！問題是沒有人可以保證你能夠在一年內就有數十萬的訂閱，成為網紅，成功靠業配代言過上有錢又有閒的夢幻生活。

　　如果你羨慕 YouTuber 的生活，想要跟他們一樣在任何時間、地點工作，不想要被一間店面綁住，又想能和成功的電商一樣擁有賺錢的事業，有一個大家瘋狂購買的獨家產品，卻不知道該從哪裡起步，準確地說不知道這種事業在哪裡？

　　這一本書就是為你而寫的。

　　這不是一本教你開店的書，也不是教你如何做電商，更不是教你如何在網路上找到客戶、賣出更多產品的書籍……如果你正在尋找這方面的創業書籍，請闔上這本書。看看旁邊的書籍，應該會有一本適合你的。

　　如果你正在尋找一種事業，它符合你的生活模式，讓你有更多時間陪伴家人小孩，在你想工作的時間工作，在想要工作的地點工作。不需要跟任何人打交道，沒有員工管理，產品就

是你自己，一切都透過筆電跟一條網路線就可以完成。

本書就是你在尋找的答案了。

聽起來很夢幻對吧！？

一開始我也不相信有這種事業存在，只是常常看到報章雜誌寫著有人可以脫離現實、束縛，過上這樣理想的生活讓我好羨慕。尤其是對一個家裡開傳統工廠長大的我更是如此。

（別急！先讓我賣個關子，後文會讓你知道我的故事。）

這個行業的奧秘在於，首先你要對某件事有極度的熱情。接下來你只要遵循一定的步驟就可以得到一樣的結果。

就像你打算用烤箱做一個蘋果派一樣，首先你要買蘋果，然後買麵粉，最後把它放進烤箱。只要你的順序是對的，就算你做出來的蘋果派，不是米其林五星大廚的口味，最起碼做出來的還是一個不錯吃的蘋果派，對吧！？這本書會像食譜一樣，告訴你經營這個事業你所需要知道的一切與步驟。

在國外這種事業被稱為專家事業，或是 IM（Information Marketing），早期我們把它稱為資訊產品事業。但是太多人會把我現在準備要跟你說的事業和軟體行業聯想在一起，所以我喜歡稱它為**「知識變現」**，也自許為**「數位創業家」**。

是的！你可以把你的知識變現金。

當然了，你也可以把別人的知識變現金。

/ 推薦序 1/

想享受自由生活的人必備的一本書

▲ 小吳醫生

當 Marc 老師把書稿給我的時候，從第一個字開始，我就不由自主地被吸引，並且一口氣把它看完，閱讀的當下我幾乎是想跪著看完，因為這本書太棒了！裡面已經完整揭露網路知識變現與成為數位創業家的秘密，而且其中內涵之豐富，相信內行人還能再三細讀從中獲得新的啟發。

也許你會想說跪著看完也太誇張，但這真的是我當時真實的想法。

老實說在拿到書之前，我預期這應該是一本針對網路新手的內容，一本書不太可能寫得很深入，但看完書之後，整個顛覆了我的想法，這本書你至少要看三遍以上！

第一遍先全部看完一次，你會對數位創業家模式有很完整概念，並且這是國內外最完整、最穩健的成功模式。如果你能

掌握書中 Marc 老師與你分享的概念，你就不會迷失方向，避免掉許多想走後門的錯誤行銷方法。

第二遍重新留意老師是如何用字遣詞去吸引你持續看下去。光是看他如何描寫故事，如何與你分享他的想法與教學，這就值得你再三玩味。因為 Marc 老師能不知不覺透過文字去吸引你的興趣，勾引你的好奇，雖然書中他謙虛地說他對文字不在行，但是有這樣文字功力的老師實在不多見，這本書從頭到尾就是一個很好的行銷示範。

第三遍把你覺得重要的句子與書中要你實作的步驟，劃線或做成自己筆記，並且開始執行。書中內容我都曾自己親身實戰過並且效果卓越。它幫助我在一年時間內真的打造出一個年收百萬的線上事業。

不要小看許多看似簡單尋常的內容，常常真的實戰後你才知道這是多麼有價值的寶藏，我曾經因為 Marc 老師不經意的一句話，在四個月後才恍然大悟，並且為我帶來 40 萬的獲利，而這本書可以說處處是寶物，值得你細細挖掘。

這本書會那麼有價值，我想是因為 Marc 老師自己會不斷精益求精，因為我跟隨 Marc 老師學習也有四年時間，這段時間他的所有的訓練我都有參與學習，所以理論上應該對老師的內容非常熟悉。然而，當一段時間過後，我發現他又自我進化了，所以我還能持續從他身上挖掘出新的內涵。

總而言之，這本書值得你買回家隨時細細品讀，你可以用

各種角度去重新檢視它，甚至不斷畫線，翻到整本書都爛掉都非常值得……不要就讓它擺在書櫃上當裝飾，這樣就可惜了一本真的能幫助你改變人生的好書。

畢竟要打造一個事業，主要依靠你的行動力。

說了那麼多好話，這本書有沒有缺點呢？有的……剛拿到書稿時，非常不巧地，我的 Apple 新筆電這時突然掛掉，送去檢修後發現是因為咖啡潑到電腦主機板……所以整台報銷了！

所以千萬不要「一邊」喝咖啡「一邊」上網打造你的賺錢術，不然你會像我一樣損失 4 萬元的筆電。

請一次專心做一件事情！

現在你已經知道如何避免這本書的缺點了，下一步驟就是把這本書帶回家，仔細研讀後開始打開你的電腦，創造你第一個百萬事業吧！

《小吳醫生首度公開！知識變現金的網路 X 經營術》作者｜小吳醫生

打通你對網路行銷、
網路賺錢的迷思

▲ 卓天仁

　　在星巴克喝咖啡，還能用 Notebook 上網賺錢？這是一件多少人嚮往的事啊！如果這樣的事是你想要的？那你一定要好好閱讀這本書，不只要讀還要照著做。如果，你對這樣的事？還半信半疑？或者是根本不相信！那麼請你更要好好翻閱這本書，並且一字不漏地看完。當你看完整本書，你會有一種像是跑完 42K 全馬、游完 5,000 公尺、做完重訓汗流浹背的快感，打通你對網路行銷、網路賺錢或是想透過網路做任何事的頓悟感。也許，你會覺得這太誇張了！不過就一本書，有這樣的威力和效果嗎？如果，你不信？接下來我要好好地推薦這本書給你認識⋯⋯

　　網路科技的力量在這十年的時間，顛覆了所有傳統產業營銷的思維，創造了過去以往想像不到的商業模式，打開了無國界的生活方式。同時，讓全球的資源、財富、人脈、資訊、知

識、生活等等，都產生了巨大的改變及影響，說穿了我們已經被網路科技給綁架，完全離不開網路及科技，現在是這樣，未來更是如此。我的好友 Marc 邱閔渝老師，是唯一一位我真心佩服以及敬拜的數位創業家導師。我認識合作過的網路專家、大師不計其數，不過能真正落地而且不斷地執行，加上創新的卻是少之又少，市場上絕大多數的網路老師或專家，都是跟風型或是抄襲型，簡單來說：就是從其它地方知道了我們不知道的，就透過網路資訊落差來賺錢？或是網路上有一股風潮吹起的時候，搶在大跟風前賺取趨勢財，這沒有對與錯？只是就我看來不夠紮實，充其量就是曇花一現罷了。

為什麼我會如此推崇 Marc 呢？Marc 在本書以六大章節、50 個步驟及邏輯方式，把執行過無數次失敗所累積的經驗，藉由他在網路上所知、所做、所悟、所成的智慧，簡單易懂地呈現！告訴我們如何在網路上獲取你應得財富的流程。如果，你真的想在網路上擁有一片天！那我要請你照著書上所寫的去做，不用想太多，真的不用想太多！

我很高興也很榮幸地推薦 Marc 所寫的這本書。本書所寫的內容能帶你達成你想要的結果，過程中會有挫折及挑戰，這些都是在所難免的。如果，在星巴克喝咖啡，還能用 Notebook 上網賺錢是你想要的，那就堅持下去!!

華人知識經紀人 | 卓天仁

 / 推薦序 3/

擁有一個在星巴克
喝咖啡的斜槓人生

2015 年初，在證券業的我，決定往一對一的財務諮詢方向發展時，一位找我諮詢的年輕小鮮肉告訴我：「姐姐，聽你說完這些正確的理財觀念，真的很棒，為什麼不放到網路上去讓更多人知道？這樣你也不用這麼累地一個一個講啊？還可以幫助更多人。」

▲Lindia Yen

因為這句話，開啟了我的網路創業之旅，到現在將近四年的時間了，總共經歷了幾個過程：

1. 一開始我以為網路行銷就是架好一個美美的網頁，做好 FB 的粉絲宣傳頁，做好 LINE@，YouTube 頻道建立好，就萬事 OK 了。

   我在學習網路行銷的第一年就花了錢學習相關的課程，然後不眠不休地花了六個月，做出了上述所有的東西。

2. 接著每天不停地寫文章發佈內容，希望能被更多人看見。

文章發出去後，會一直關注有沒有人看，有沒有人按讚，粉絲人數有沒有成長。但事實是，這些都不是重點。

你有多少粉絲，有多少人按讚，一點都不重要，為什麼呢？請繼續往下看……

3.　持續發佈有價值的內容一年，沒有賺到半毛錢，相關的網路收入是零。

最後我認為在網上自己建立的這些內容，訊息跟資料，就只是一張我在網路上的名片，讓別人更快地認識我，但真正會付錢買我服務的客戶，還是要透過實體見面的方式來開發（其實是在自我安慰）。

4.　直到有一天在網路上遇到 Marc 老師，他說：真正的網路行銷，不需要經營部落格，也不用經營粉絲團，你只需要有策略。

那當下我頓時茅塞頓開，如果用比喻的方式來說：就好像我裝潢了一家很美的服裝店，裡面放了很多好看的衣服，然後也有人進來逛，逛完、看完之後呢？

沒了。

這就是我在網路開始創業的頭一年完全沒有收入的原因。因為我沒有策略。

5.　2017 年的六月，當我人生第一筆網路訂單出現在我電腦裡時，我知道 Marc 老師教我的策略，在我身上奏效了。

接著我的網路創業之旅就像開了外掛一樣，從線上課程產

品線越來越齊全,到舉辦各式各樣投資理財主題的研討會,並且不花一毛錢就讓市場上的專家跟我合作,最後還出了書,如今還把課程開到大陸去,幫助的人越來越多,付費買我課程或服務的人也越來越多。

我的生活卻越來越悠閒,但越來越精彩。

跟著 Marc 老師從 2017 年學習真正有效又可以讓一個新創公司活下來的策略才一年多的時間,我的生活有了翻天覆地的變化,如果你沒有大資本,也還有工作要做,但想要有一份自己的網路事業,甚至最後讓自己可以擁有一個在星巴克喝咖啡的斜槓人生。

這本書的每一字,每一句,都值得你好好地參透它,然後執行它。相信這本書,會讓你在網路創業甚至是如何透過網路做生意的道路上,有不一樣的視野。

財務建築師
《80% 求穩、20% 求飆,低風險的財富法則》作者
網站 https://mastermoneyonline.com/

Lindia Yen

| 推薦序 4/

讓你得到快樂自由人生的指南！

▲ Terry Fu

認識 Marc 邱閔渝老師多年，我很清楚知道，只要是他推出的產品、他所做的事、他寫的書，不用說，絕對擁有世界級的高品質！

所以當我聽到 Marc 老師要出書，並且受邀為之寫序，當下我毫不考慮立刻答應！這本書可以說是一本讓你得到快樂自由人生的指南！

書中毫無保留地跟你分享了如何透過「知識變現」，成為「數位創業家」的具體步驟、流程與方法！只要你按照書裡面說的方法去做，你就可以開始你的數位創業家之路，也有機會成為我常說的「快樂自由族」！

最後我想跟你說的是，如果你想要增加收入，或是讓你的事業快速成長、倍增，甚至讓你生意無限制的擴張，Marc 老師這本書，你絕對不能錯過！它將會讓你看到全新的世界、顛覆你的想像、徹底改變你的人生！！

網路行銷魔術師
《一台筆電，年收百萬》作者 | *Terry Fu*

你的天賦才能創造事業

我是資工人、文創與數位行銷人、聯合大學教授、創新育成中心主任，透過開發軟體遞交解決方案，藉由數位網路行銷產品與服務，歷經幾個小世代的更迭，走過泡沫與高潮的滾滾數位江湖。

▲ 周念湘

民國 84 年，2 名學生陪著我，建構全苗栗縣 18 鄉鎮，153 所國中小的校園網路，從 DOS、Windows 的桌上型系統、主從架構，到現在的手機 APP、雲端系統，我人在校園內，卻不曾離開過在地社區，現在更因為創新育成中心主任的職責，除了培育大學青創團隊，提供給他們所有必要的資源，也負責聯合大學深耕計畫中的「大學社會責任」，協助教授們帶領學生進入地方社區、產業，建構在地創生的永續機制與合作平台，期能活化地方經濟、關懷弱勢，並將累積的智識回饋到學校的教學系統中，啟動務實教學與教學創新。

　　協助學生創業推著我進入數位行銷的世界，你知道的，工程人總認為自己的產品一級棒，一定人見人愛。殊不知，沒有行銷，產品無法快速被看見與大量被認同，當然，也就沒有穩定的顧客。將產品從自家公司送到客戶手上，這中間有著一大段路要走，這包含了包裝與行銷。為了學行銷，我買了很多工具，參加了非常多的國內外課程，這些課程良莠不齊，直到現在仍繼續的只有 Marc 老師的訂閱式課程。

　　為什麼我要持續學網路行銷？網路行銷的工具與策略，隨著時間快速的進化，這需要投注大量的研究人力才有辦法跟上，若需要嫻熟應用，那還需要更多的練習。我的時間有限，所以，必須找一個已經成功、且不藏私的專家來學習。

　　為什麼我要跟 Marc 持續學？ Marc 近幾年來帶領學生創造的營銷金額超過一億，全部透過網路行銷辦到，所以說他是成功的網路行銷專家，應該沒有人會反對吧。一個好的老師，除了告訴你現在仍然有效的技術之外，還要能告訴你為什麼有效，這樣才能在你自己的事業上靈活正確的應用。

　　Marc 就是這樣的好老師。除此之外，若你是 Marc 的訂閱制課程學生，他還會診斷你的行銷流程，切中要點地協助你改善，節省你大量的時間與花費。

　　《我在星巴克喝咖啡，用 Notebook 上網賺百萬》這本 Marc 的新書，手稿一來，我就忍不住一口氣讀完，他用生命寫這本書，令我動容。全書精簡扼要，全無廢話，尤其邏輯思路

清晰，讓你知道 What，更知道 Why，所以，當你有了 What if 的問題時，基本上，十之八九，你可以自己思考得到解答。

這不只是一本網路創業的書，更是一本談如何實現自在人生的架構藍圖。它解答了一個長期困擾我的問題——「你想當什麼樣的企業家？」，跨國企業家如郭台銘？小企業家，開個早餐店？企業的規模大小、營業項目，經營模式，實在太多了，你想要哪一種？其實，要經營哪一種企業決定於你想過什麼樣的生活，事業只是人生的一部分，人生還有很多面向，都要滿足，你才會快樂開心。所以，Marc 在此書中，從源頭解決，請用你的天賦才能創造事業。這真是如雷貫耳，一針見血。

如果你找到你的天賦熱情，在這本書中，Marc 告訴你，如何評估你的天賦是否有市場價值；確認有市場價值之後，如何行銷並建構一份能達成自我實現同時財富自由的事業，過你想要的人生。

你我都可以讓人生富有，只要盡情揮灑自我！很高興推薦 Marc 老師這本書與大家共勉。

國立聯合大學周念湘教授
http://nschou.csie.nuu.edu.tw ｜ 周念湘教授

 **/ 作者序 /**

創業，不是我有天分，
是老天逼的

嗨，我是本書的作者邱閔渝。在開始之前我想先簡單介紹一下我的背景，以及**「數位創業家」**哲學。

我生長在一個傳統家庭，家裡是做自行車零附件生意，因為剛好遇到台灣經濟起飛，在趨勢的帶領下，很幸運地家裡的事業因此越做越大。

記得在小學四年級的時候，正在上體育課的我突然萌生自己創業的念頭。當時我的想法是爸爸這麼有錢了，他不需要我的幫忙，而我不希望自己就這樣一輩子靠家裡，我也希望有件事可以證明自己。有趣的是，我的小學成績有好幾年都是倒數，老師也特別喜歡欺負我，所以在小四的那一年，我沒有一天是專心在聽課，因為我擔心哪個動作讓老師不開心……被盯上。

這種日子時好時壞，直到國三的時候，某天媽媽跟我說，我們家沒有錢了，要開始過著省錢的生活，從那之後過了好幾年看著媽媽哭哭啼啼的日子。當時我最討厭的一句話是，今天差點跳票了。

該來的總是會來，就在我高三那年家裡的工廠倒了。我記憶猶新的是當時爸爸的朋友到我們家開會，他對著我說：「這個家需要你來幫忙。」他希望我也一起擔起這個扶家的責任。我禮貌性地笑著，點頭回應他。當時我內心的真實想法是，爸爸的能力這麼強，我們很快就會再度振興、富裕起來。

那時我特別希望有一天爸媽會像電視上演的一樣突然跟我說：「我們之前騙你的，這是給你的考驗，其實我們家沒有敗，還是很有錢的。」

大學畢業後，同學們都知道自己畢業該做什麼，以及有自己的夢想要完成。當然我也有，我唯一的念頭是到大陸的公司幫爸爸，直到大陸的公司做起來、做穩了，再出來闖自己的事業。

結果後續發展跟八點檔一樣，什麼都沒有。到大陸後事情變得越來越糟，工廠的機械被強行搶走，甚至還遇上電影裡傳說中的東莞仔來收一條我們根本就沒有欠他的債務。

記得有次我想到巷口吃個 5 塊人民幣的快餐，慘的是竟掏不出錢來。幸好當時員工的三餐都是由外面的廚房供應，每一個月結一次帳，否則連員工都要跟著一起挨餓。

這樣就夠慘了吧？

……但故事還沒完！

後來我們家的工廠被霸佔了，這件事發生的時候我逃到股東的家裡寄住，記得隔天我在他家的陽台上，跟媽媽打電話報

平安時，突然發現身無分文也不是多恐怖的事，畢竟我還好好地站在這個土地上呼吸啊，然而電話的另一頭可是傳來無盡的擔心與關懷。

對我而言，大陸的那五年是個慘痛的經驗，我很想放棄一切重新來過，可是對我爸爸而言，那是他的心血，他總是想要保住它好留給我們。

記得當時女朋友的媽媽聽到這件事跟我說：「邱閔渝愛情有時候跟股票一樣要有停損點。」不知道是不是我在深圳太久，我認為什麼事都能夠買賣，因為我認同我無法給她女兒一個未來，所以我出賣了我的愛情。

現在想想還真灑脫，當時怎麼沒有大哭大鬧啊。

就這樣爸爸憑著他的信念，終於成功把大陸的工廠拿回來並且賣掉，安全地撤回台灣，算是兩岸三地裡面少數這麼幸運的人之一。

工廠賣掉之前，有一陣子我過著所謂的包租公的生活，我出租家裡的工廠。一般來說，大家都會很羨慕當包租公，覺得很體面，可是我沒有，因為我覺得自己還這麼年輕，就應該有一番自己的事業。所以人家問我做什麼工作時，我都說自己是租房子的，你很難想像每個月有 50 萬租金收入的人對人生怎麼這麼沒有信心吧！

工廠剛租出去的時候，我以為我會很開心，但是我沒有。我回台灣整整躺了九個月，那九個月我都不知道該做什麼，因

為我在大陸學會的是開公司的業主在五十歲以後才會面臨的異常經營狀況的處理。換句話說，我沒學過怎麼做生意。

但是那幾年有個念頭，我始終都沒有忘過，我想要有一個網路事業，我希望跟他們一樣過上自由自在的生活。有天我突然放棄在家裡躺著當貴妃，因為我明白畢竟沒有人是靠著想像就改變了人生。

於是我跑去書店看書，突然間我看到一本書，書裡說不需要看人臉色，不需要有員工和產品就可以做生意，因為這整個事件裡面，最重要的產品就是你自己。而大家最害怕的沒有客戶問題，只要透過行銷就可解決。

當時我整個人陷入瘋狂狀態。因為在大陸我看了數年的嘴臉，我恨透看人臉色過生活的日子，恨到連當包租公都覺得自己很無能。

我想機會來了，我決定放手一搏。

我記得很清楚，在 2010 年 5 月 13 號那天，我架設了我的網站，每天守在電腦前，很努力地把書本上的內容變成事實，同時我也觀察那個作者他是否有做到他在書上所說的。

最後我發現，那個作者說的是一件他辦不到，卻是真實存在的事情。當下覺得很氣，但是到現在我還是很感謝他，因為他讓我看見了這個世界更多的可能性。

就在我每天對著筆電努力了一年後，我的母親有天叫我當時的女友跟我說：「你去跟閔渝說，叫他跟他爸爸再去開一間

工廠，或是去找一份工作。」

　　我知道媽媽是關心我才這麼做，畢竟哪個父母不希望自己的子女過得好。但是當下我好生氣、好生氣，我把她趕出房門。媽媽在門外敲門，跟我說她不是這個意思。我在門後不自覺地流下眼淚。

　　我發誓，我一定要成功，而且就在這個領域，我要闖出自己的一片天，不要被看不起。

　　之後，我開始更努力找方法，後來我發現了一個方法，在那個事件後的三個月，我在網路上第一次發售產品，當時我幾乎不敢相信我的眼睛，因為第一天我的營業額就有 30 萬，而在初開賣的七天裡，我的銷售額達到 300 萬元。

　　或許你會覺得 300 萬很多人都辦得到啊！

　　是的，但是對於我這種家裡是開傳統工廠的人來說，認為要做生意就非得要有一筆資金，蓋工廠、買機械、買原物料、雇一批員工，晚上還要看客戶和公司業務臉色，能取得這樣的成績，實質上意義非凡。

　　因為我賣的產品，是我的知識，我教導學生如何不用與客戶面對面就能讓客戶自動來找你的方法。當時我的成本就是一年虛擬主機的費用，簡單的網頁模版，加起來費用不到台幣 2 萬元。

　　這一切真實地發生在我身上，對我來說很神奇。

　　後來我發現我會的這個方法，有越來越多人需要，也可

以幫助很多人改變他的生活，過上他理想中的人生，所以在
2013 我開始教導學生，如何跟我一樣在網路上把自己的知識
和人生經驗變成一個線上事業。

讓你在幫助人的同時，還可以擁有一份線上事業。

這個事業稱為：**知識變現**。而且這個事業幾乎沒有失敗的
風險。

或許現在你會想──我沒有任何的知識和經驗，也沒有經
歷你那般悲慘的人生，誰會聽我說話啊。

別著急！本書會告訴你一切我所知道的方法。即使你沒有
專業知識，但別人總有吧。這些都不是重點！

真正的重點在於熱情！

熱情！

黃金就在你的熱情裡！

Chapter 1 做你愛做的事

定義你要的生活型態事業

開發，但是不生產產品

Chapter 4 試水溫，先收錢再說

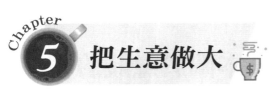

把生意做大

未來發展的可能性

這不僅僅是一本關於賺錢的書

這不僅僅是關於賺錢,而是關乎你能否實現人生夢想。或許你以為我要說的是賺很多錢就能實現夢想。不是的,賺錢只是個手段。除非你的夢想是擁有很多錢,但大多數人的夢想不是有很多錢,而且也不是有了很多錢就可以實現夢想。

想像你在踢一場足球賽,你是賽場上的球員,在比賽的當下,你無法洞悉全局,然而在場外的教練卻能清楚地看到兩隊球員各自的動作、策略、情緒度,於是給予指導。而人生也是這樣的,每個人都有自己的一場足球賽。但是大多數人都沒有教練,所以有時候你必須學習把自己拉出球賽外,用看電視的方式觀察自己在做的事,就像你聽到某位藝人的八卦事件一樣,你會覺得哪裡不對,這就是因為你用全面的視角來看這件事。

同樣的,當你用全面的視角來看這件事,你就會發現,你正在做的事情錯了。而出現在眼前的哪一件事是你的機會,把握它才能夠完成你的夢想。

你會開始大膽投資,甚至做出你過去不敢做的事。因為你

知道做什麼才能完成夢想。甚至你會發現，你正在做的事根本與夢想無關，所以很痛苦。

至於錢呢？你會發現要把你的拼圖完成需要錢，但錢只是一個工具、一個手段，就像你想去巴黎看鐵塔，你的目的是感受歷史的氛圍。錢只是用來搭飛機的手段，而飛機也是手段之一。

你會對這一路上不斷的自我改善提出質疑，甚至開始挖掘出你的優點。

這也就是為什麼很多人的目標是財務自由，但當賺到了錢，買到了想要的東西後，還是不斷地追求賺更多錢的機會，買更多更貴的衣服、房子、車子。因為他以為真正的目標是擁有很多錢，所以永遠不會感到滿足。

錢重不重要？

重要，因為沒有錢，你就無法達到目的地，就算可以也是用緩慢的速度。我們必須承認一個事實，當你在看這本書的每一秒，時間都在流逝。

沒有人可以幫你把時間拿回來，所以基於尊重，我是用生命來寫這本書，而你也是用生命在看這本書。

就請你好好學習吧。

這本書就是協助你創造一個可以達成目標的工具。

什麼是數位創業家？

數位創業家是形容一種新的生活型態，並非只是像本書的書名。

「走出又小又悶的辦公室，沒有老闆。」

「透過網路，利用筆電的工作方式。」

這是一種不管你身在什麼地方，都能夠開創自己的事業。並且是透過做你喜歡的事情，把它變成一種系統化的事業。產品可以是你的，或是別人的。甚至你在睡覺的時候，系統會自動為你賺錢，就像你有個 7×24 小時的超級業務員一樣。

因為是做你喜歡做的事情，所以你不需要特別靠意志力支撐。

很多人認為某件事情要有成就，需要所謂的意志力，但我們必須承認一個事實，為什麼你需要意志力，因為你不喜歡這件事，所以你在進行這件事的時候你會感到極度痛苦。而事實是很少人是因為意志力而成功的。

如果是一件你喜歡的事，不管失敗多少次，只要你夠喜歡，就會想辦法把它給完成。還記得你小時候做的第一個模型嗎？還是你的第一個美術作品，是不是不管搞砸多少次你都會想把它給完成。

當時你是憑藉意志力完成的嗎？

應該是你太喜愛它了，喜歡到不畏懼任何困難都想完成它吧！

　　這也就是為什麼成為數位創業家在國際間大受歡迎。因為這是史上第一次真正將人的興趣，渴望想做的事情與事業結合。並且因為這種模式擺脫了人類固定住在同一個地方生活的歷史模式。從此房子對你來說並不是那麼重要，因為你到哪裡都可以生活。你怎麼捨得不走出去好好地看看這個美好世界，讓自己數十年待在同一個地方，寧願把你的生命用來償還房子貸款直到生命的最後一天呢？

　　相信我，你的選擇會因此改變。可能旁人、親戚朋友會因此批評你。因為他們嫉妒你，能過著他們所不能過的生活。

　　但他們這時候對你已經不重要了，因為重要的人已經跟著你一起過上數位創業家的生活了，而你一路上遇到的數位創業家，會成為你新世界的朋友。

錢在哪裡？

　　錢在名單裡嗎？

　　如果真是如此，發垃圾郵件的都可以買私人飛機，你也可以去買好友加好友軟體，你就會有很多的名單，用假粉絲創造數十萬甚至數百萬的粉絲團。

　　但是真的有很多名單就可以幫你賺到錢了嗎？

　　他們買私人飛機了嗎？

　　很顯然的，這些人只是賣一個可以賺到很多錢的夢想給你。

關鍵在於你與客戶的關係，而不是招待客戶上酒店。

很多人都誤解上酒店就是在建立關係，喝喝酒就可以賺到錢，喝酒五分鐘就可以把合約拿到手。不是的，喝酒只是在過招，沒有人是在喝酒的時候談生意，除非他是笨蛋。真實的情況是——喝酒的時候大家都是兄弟，醒來的時候一切在商言商。

因為不能賺錢的事情沒有人願意做。

那麼實際的關係該怎麼創造呢？

在於你為客戶創造的價值。

價值是密不可分。

✒ 為什麼大多數人不能發家致富

人的大腦分成意識和潛意識，潛意識主導了我們 95％的行動。大多數人的夢想是——我要賺 10 億。可是他們內心根本就不相信自己會賺到錢，所以在不確定的情況下沒有人願意行動。

就像你要去台北玩，你有好多選擇，不知道坐哪一種交通工具比較好。或是你不確定哪一種減肥方式比較好，即使你現在發現了一個很棒的方法。

因為你不確定，它是否能載你到你想去的地方，所以你遲遲無法行動，這是無法致富的一個很大原因，因為你根本就不相信這件事會發生在自己身上。

很多人說自己是三分鐘熱度，其實不見得完全是三分鐘熱度的錯，也有可能是因為是看不到成果，就放棄了。

如果你能夠列出進度，時時看著自己在什麼地方，當遇到挫折的時候，找出自己在哪裡，走過了哪些步驟，還有多少距離就能到下一個里程。

因為你看到你過去努力所達成的成就，你也知道目前的狀況是什麼，你更知道只要克服什麼困難就可以到達目的地，而你知道你也可以克服。此時大多數人都會繼續努力下去。

就像你中暑了，要回家一樣，雖然頭好暈，但是你一定會到家，為什麼？因為你十分確定即使再難受，只要走過這段路，你就可以回到家，躺在舒服的床上休息。這是一樣的道理。

所以在這本書，我會讓你清楚地看到路徑，你會知道自己現在在哪裡，你也會知道當你繼續走下去之後，未來你的路是什麼。

數位創業系統

「在星巴克喝咖啡，用 NoteBook 上網的賺錢法」的系統主要奠基於以下五大法則。

⭐ **法則一：從你的興趣，以及熱情的事找事業**
⭐ **法則二：設計符合生活型態的事業**

★ 法則三：開發，但是不生產產品
★ 法則四：先收錢，確定有人買單，再做產品
★ 法則五：擴大行銷

　　本書將引導你，一步一步朝數位創業家邁進。當你在讀這本書的時候請抱著正確的期望，我沒有辦法保證你讀完這本書後就可以過上跟我們一樣的生活。因為我不知道你的過去，也不知道你挑選的事業，以及你的做法還有你的執行力，所以無法確定你將得到的結果是什麼。但可以很肯定的是，我會把我知道的一切，那些對我以及我學生有用的方法，用簡單易懂，並且能夠執行的方式與你分享。

　　當你讀到書中內頁有附 QR-code 的時候，就是代表我把一些操作的部分，在線上用影片或文章與你分享，這麼做的原因是希望你讀完這本書的時候，對於你要做什麼很清楚。不會因為書裡面的操作，讓你亂了陣腳。

　　同時每個章節，我會盡可能加入一些實際案例，有些是我的，有些是我學生的。這會讓你更有真實感，也期待本書能為你帶來啟發。

　　歡迎你加入我們的行列，讓我們開始在星巴克喝咖啡，用 Notebook 一起賺錢吧！

Chapter *1*

做你愛做的事

Digipreneur

1 為什麼認真的人都賺不到錢？

你是否對焦了。

做生意比較像是一門精準的科學，帶有些微藝術的成分：80％科學＋20％藝術。

這80％很簡單，不外乎市場研究、廣告、過濾客戶、成交、未成交、追售，提供後續服務。

就是因為很多人都把注意力放在這裡，才導致無法賺到錢，或是賺的錢無法支持你過上自己要的生活，完成夢想。不是說注重這80%不對，是因為你無法與客戶產生共鳴。

因為如果你每天很認真工作，很用心做廣告，但是你提到的訊息都只是能如何幫助客戶改善現況，是無法引起客戶的注意力。

請別誤會，這不是說科學的部分不重要了。只是現在大家都這麼做，如果你沒有讓客戶感覺你和別人的不同，那麼你不過是另一個網路上懷抱夢想的創業家罷了。

重點是沒有人願意為你買單。

換句話說，如果只是單純地努力，但方向不對，自然是越努力越不成功，導致最後放棄的局面。無論你上了多少自我成長、自我激勵的課程都一樣。

現在的世界更不一樣了，因為你的生意裡沒有生命力，比方說你很喜歡美妝，一天沒有化妝，沒有談到美妝就像世界末日一樣。通常在這個情況下，你的生意一定會比其他人好，因為你對美妝太有感覺了，甚至會想出各種花招來跟客戶玩，逗客戶，甚至做一些你覺得很好玩，客戶覺得很傻的事。

這些事即使跟你的美妝無關，但是你的每一則訊息，每一個影片，每一篇文章，都在衝擊著客戶的腦袋，客戶就會目不轉睛地盯著你的每一個動作，甚至你的對手會恨你，會攻擊你！

接著就會形成擁護者，想想漫威跟 DC 不就是這麼回事嗎？

你必須要賦予事業生命力。不管你對你的事業有沒有熱情，但是最起碼你要有一件極為瘋狂的興趣，喜歡到睡覺都想著它。然後做生意的時候把你對那件事的狂愛元素加到廣告行銷上，你才有辦法創造碾壓競爭對手的文案。

實質上不是文案寫得厲害，是你的熱情想像力，渲染了客戶的腦中世界。

放眼望去，哪個成功人士，不管他的方式對或錯，只要他很堅定他的理念，就算是一件瘋狂的事，那麼即使是錯的，人們也會為之著迷。

這大概就是做你喜歡的事才會賺到錢的意思。

但是要把喜歡的事，喜歡它的情緒，你的生命力結合到

你的事業，基本上有一定的難度。仔細觀察那些有錢人、企業家，都是極度喜歡自己的事，有著偉大的使命感。

但是一般人呢？

說真的，我從來不知道我的使命在哪裡？

但是我知道我很喜歡拍攝影片，我很喜歡閱讀，我很喜歡學習，我很喜歡透過網路行銷快速找到客戶，透過知識變現可以改變生命。

所以我開始了這項事業。

✒ 有自己的核心價值！

我想知識變現這份事業，大概是神給世人的一個禮物了，每個人此時此刻起，都有機會用自己的興趣改變自己，同時幫助別人。

該怎麼做，才可以讓客戶感受到你藝術面的這一區塊呢？

在這裡提供給你幾個秘訣，讓客戶感受到你的瘋狂，甚至與你產生共鳴。

首先，你要花時間確定什麼是你的價值觀，你的信仰是什麼，你的哲學是什麼，你的立場是什麼，這是非常重要的。

當你確定立場後，未來你需要不斷地闡明你的立場。人們會打從內心與你產生真正的連結，是的有些人會討厭你，但是會有更多人喜歡你。

你要知道人們不是愛你……就是恨你……這個中間不會有

錢。

你與人們談論他的問題與挑戰，然後用你的信仰、你的核心價值激勵他們。

所以你要清楚你的價值觀、信念、人生哲學，透過這些主張，你可以與真正認同你的人有很強的連結。

透過這個方式，你建立起你的部落，因為你們有共同的信仰與價值觀。因為你是這個部落的領導，你可以談論他們的挑戰，以及他們焦慮的事，他們會跟你產生連結，當你用你的主張、你的信仰帶領他們的時候，凡是認同你的人將會被你帶到不同的境界。

現在我將帶你透過三個問題自我檢視，找出你的核心價值。

問題一：你生活中最重視哪些價值？

問題二：在你的市場你認為什麼是真的？什麼是可能的？

問題三：在你的市場上你看到什麼趨勢或習慣，使你絕對
　　　　瘋狂。你對抗什麼？

當你回答以上的問題後，你的三個核心價值是什麼？

以我為例：

Q1 你的生活中最重視哪些價值？

　⭐ 讓家人過上更好的生活，不用擔心錢的問題

　⭐ 可以照顧爸媽、自己喜歡的親人

- ✪ 有時間陪伴小孩
- ✪ 生命的自由，做自己想做的事，不用擔心錢的問題
- ✪ 健康的身體，看起來很有精神
- ✪ 充滿希望
- ✪ 想像力
- ✪ 對未來充滿希望，無限可能
- ✪ 誠實，對自己誠實，對別人也誠實
- ✪ 自主性，做自己的選擇，不被其他人影響，自己決定什麼時候做什麼事
- ✪ 愛
- ✪ 忠誠
- ✪ 熱情
- ✪ 尊重
- ✪ 不會藉別人善良欺負他人
- ✪ 願景
- ✪ 財富

Q2 在你的市場你認為什麼是真的？什麼是可能的？

只要用心，任何一個會用電腦，願意花時間在電腦上的人，都可以使用知識變現。而且即使是實體產業，也可以用這個方法為自己開發到客戶，當然最終目標就是為自己建立一個系統，每天的工作時數四小時，財務自由！

Q3 在你的市場上你看到什麼趨勢或習慣，使你絕對瘋狂。你對抗什麼？

某些老師不斷地攻擊其他人，藉此來賣產品（其實老師也渴望銷售）。教的都不是一套可以透過廣告衡量的流程，即使老師很認真，教的方法也是一套無法運作的流程。

不斷地教學生寫部落格文章，無法衡量結果。或是快速吸金，不斷變化新方法，新方法可以接受，但是都是無法衡量，不知道自己在做什麼，也不知自己對不對，一切都用夢想吸引，然後不知該做什麼。

教人賣服務，但都是買白牌，跟學生說這樣你有一個事業，但實際上學生沒有導流量的能力，沒有跟人溝通的能力，也沒有後續銷售的能力，讓一個人就這樣沒有進步。

教投機的方法，不是正確可以自己不斷運作的策略（快速吸金）。

包裝得很厲害，看起來也很厲害，但是方法卻不能實戰，讓一些人覺得自己不可能成功。

當你回答上面的問題後，你的三個核心價值是什麼？

1 有一個可以擴張的系統，即使你人不在也能運作，甚至生意變得更好。

2 1/3 的時間用來做事業，幫助想幫助的人，讓他們過上跟我一樣的生活，1/3 的時間留給家人……給他們

過想要的好生活、陪伴他們，1/3 留給自己，好好的看這個世界。

3 教人一套可以衡量的流程，重點是客戶學了以後，要有成長，知道自己在做什麼，能夠清楚知道自己這樣做是對還是錯，如何擴張。

你必須不斷地、持續地宣揚你的理念，這樣你的部落才會形成，人們才會為你著迷。

2 跟漫威學行銷

　　在薩諾斯打了響指後，整個宇宙的人消了一半。他認為這個宇宙需要平衡。

　　這是史上第一次超級電影用反派當主角，並且讓反派有自己的理念，你看到他的情感，他不僅僅是一個壞蛋，正因為他做的事情有道理。如果更嚴謹地說，他只是為了理想而戰，雙方人馬都有各自的立場罷了。

　　電影上映的隔天，YouTube 上紛紛出現各種影評。評論劇中要角的各個行為，並且從片中的蛛絲馬跡找下一集反敗為勝的關鍵，畢竟戴上無限手套的他是全宇宙最強的。

　　一個月過後，YouTuber 從評論電影轉成預測下一集的劇情，而身為漫威迷的我開始一個影片又一個影片的看，希望早一點知道可能的結果。

　　與此同時，在第三集快結束時出現了驚奇超人的 Logo，大家都猜測可能是她拯救了宇宙。接著五月的時候出了驚奇隊長的預告片。

　　厲害的是，為了讓這部電影出現。早在 2008 年的時候就開始埋下伏筆，前後共經歷了 18 部電影，才有辦法走到「復仇者聯盟三」。

並且在「復仇者聯盟三」上映之前，開始了各種預告活動，他們讓所有演員都不知道劇情的發展，也就是說每個人手上都是假劇本。據說當時只有奇異博士看過真正的劇本。

但奇異博士本人說，就算知道劇本也沒有用，因為整個劇情會依照民意不斷修改，如果觀眾猜對了，就修改劇本。也就是說，這部電影是你我還有導演一起共同創造的。

怪不得能引起全球影迷的注意。

就這樣，在「復仇者聯盟四」還沒有上映的時候，我已經買單了。

如果你沒看過這部電影，聽我描述這件事的時候可能會一頭霧水，但是這是我見過真實世界可以用來形容行銷最完美的例子了。所以如果你問什麼是行銷，這絕對是最佳的例子了。

來，讓我們來看看漫威怎麼讓我們一步步為這件事著迷，甚至陷入瘋狂。

首先在電影還沒上映前，他們先放出消息，不斷地告訴所有人：現在沒有人知道真正的結局，因為怕劇情外洩，所以每個演員手上的劇本都是假的。並且說小蜘蛛人是個大嘴巴，為了避免他洩漏劇情，他還被下了封口令。

此時全世界最八卦的娛樂圈，便不斷地繞這這件事情轉。

實際上誰知道結局真的有那麼重要嗎？

我不認為。

但是看著眾明星，還有全世界的人都在猜測真正的結局是

什麼，這件事就已經夠有趣了，不是嗎？

更何況，人們每天的生活不是平淡，就是充滿各種壓力，這可以為大家帶來娛樂有什麼不好呢？所以這就是當時新聞的首選了。

從這裡我們可以學到什麼呢？

行銷的第一步！——引起「對的人」的注意。

引起「對的人」的注意

這裡我要特別強調，是「對的人」。因為看這些影片的人當中，一定會有些人覺得眾演員被下封口令，三緘其口很好玩。但如果只是一個喜歡談話性節目的人看到，他可能只是享受大家討論結局的這個橋段，除此之外因為他不是英雄迷，不會看電影就是不會看。

但是此時又發生了另一個可能。這些原本不是英雄迷的人，因這個事件英雄意識被喚醒了，跑去電影院看了電影後，從此也變成漫威迷。這是一個影響的過程，喚醒一個人的產品意識，但是這個技巧比較深，不屬於這本書的範圍，所以我們不在這裡討論，此時你要專注的是，如何讓你能夠在星巴克自在的工作，之後才是喚醒更多人需要你的產品意識。

而在電影上映之後，薩諾斯最終彈起的響指又引起了所有人的注意。接著整個網路英雄族群都在談論這件事，就這樣不斷地告訴你可能怎麼發展，厲害的是，過去這是電影公司的工

作，可是現在卻變成是粉絲的工作。

最終「復仇者聯盟四」上映時，一定又是全球票房冠軍了。

你有沒有發現從頭到尾我都沒有提到什麼？

是的！我沒有提到賣票。因為人們被引起興趣後，緊接著被不斷地灌輸各種知識，甚至被教育了整個電影的來龍去脈。在這個時候我們都已經買單了。

這個不斷灌輸的過程，我們把它稱之為 E.B.M（Education Based Marketing）。是以教育為基礎的行銷。

這就是行銷。

注意：教育跟行銷是兩碼子事，不信的話你可以去看 YouTube 上有一堆教學影片，但真正賺到錢的沒幾個。因為他們都在教育，沒有真正在做行銷。當然該怎麼執行，在你看完本書後，你將得到一個很清晰的答案。

彼得·杜拉克說：當你行銷做對了，銷售就是多餘。從電影你可以見證到這件事。

現在我把整個過程的流程圖畫給你看——

找到目標族群 → 引起興趣 → 轉換意識（EBM）→ 建立信任感 → 購買

以上這個例子是電影的操作手法，對你我來說稍嫌複雜了點。好消息是——如果你的目標只是跟我一樣，過上自己想要的生活，有更多的時間陪伴家人，甚至是邊走邊玩。你不需要

做到複雜，接下來我會用一個簡單又可複製的
流程讓你知道怎麼辦到。

　　是的，只要你夠努力這是可以複製的！

　　想要知道如何在銷售前，就讓客戶決定買
單嗎？實際上，只要方法對了，銷售就會是多餘的喔。來吧！
讓我真人為你解說！請掃描右邊的 QR-code。

3 你是在創業還是在工作

　　你是在創業還是在工作？

　　常常聽到有人跟我說，老師我要創業，我想在網路上賣蛋糕，請教我在網路上銷售產品的方法。

　　有夢很美，我覺得任何人都應該勇敢築夢，所以我從來不會否定學生的任何一個想法（當然若是一聽就覺得不可行的，我會在他開始前幫他踩煞車，畢竟如果可以一開始就避免的錯，何必要去犯呢？！）

　　接著我問他：你的客戶是誰？

　　學生：想要吃蛋糕的人……想要吃好吃蛋糕的人，因為我做的口味最好，而且價格又最便宜。這個做法目前沒有人做過。

　　我：請用一句話告訴我，他們為什麼要買你的蛋糕，不買別人的。

　　學生：因為我的蛋糕品質很好，而且我們師傅是真的有去法國學習過，還是藍帶學院畢業的高材生。很多人想品嚐真正法國口味的麵包，但是他們都沒吃過正宗的，所以這是一個遺憾，我想讓他們品嚐真正的法國美食。

　　我：你說要讓他們嚐嚐真正的法國口味，這些人是誰啊？

是上班族？男生、女生？還是學生？

　　學生：只要是喜歡吃甜食的，都會喜歡我的產品。

　　我：我在心裡開始為他捏一把冷汗（我想應該是為他的事業發抖吧～）

　　很多人把這種情況稱作創業。但這絕對不是，充其量這只是開了一個店鋪，然後你每天有一份工作，悲慘的是這個工作的時薪可能比麥當勞打工還低。這種創業的標準作業流程，通常是在創業的前三年逢人就說你的理想，好不容易有啟動資金後，開始認真找人裝修了一個看起來又高級又符合你夢想中的店面。好不容易店面開張後，逢人就發名片，然後……六個月後店就收起來了。

　　為什麼？

　　因為他們根本不懂創業是什麼？

　　為什麼一個事業可以被運作起來。最主要的原因是創業家看到了一個缺口。

　　這些創業家看到人們遇上了一個問題，這個問題大到客戶願意用錢或是其他替代品來交換你的服務，這個問題可能目前沒有人有更好的解決方案，或是暫時無法解決，或是不想投資更多的人力、金錢來解決這些事。

　　IKEA 的創辦人，創業初期發現歐洲的家具普遍都很精美，但卻是因為包裝繁複，導致運費不便宜，再加上設計師費用高昂，所以成本根本降不下來，賠本的生意沒有人會做，因

此售價當然是不斷地往上加。

此時他想到，如果可以把包裝變小、變成一件式，這樣可以降低搬運成本，如果設計又由他找設計師並將產品量產的話，這成本一定會大幅低於市面上的家具。這樣就可以讓有預算考量又渴望買到有設計感家具的人買到夢想的家了。

所以他指示在 IKEA 買到的所有家具都是用紙箱包裝，顧客購買後就可以自行載回家，自行組裝，或是由他們幫你搬運並且幫你組裝。就是這個想法讓世界上大多數人用更便宜的價格，買到心目中具設計感的合意家具，他讓每個人的家住起來更溫馨了。這個想法，讓他成為了世界十大首富。

如果當時他只是想，我要賣家具，我的品質很好，我的做工也很棒，我使用的木頭是冰河時期存在至今，是非常稀有、稀奇的材料，一定會有很多人感興趣購買。

我不知道這樣做，他能不能把生意做起來，還是很快就倒閉。但可以很肯定的是他一定不會成為世界首富。

所以創業前，你必須先問自己，我要做的這件事服務了誰？他們目前遇到的困難是什麼？我要如何做才可以比競爭對手持續提供給客戶更好的產品，且協助客戶解決問題後，可以更快得到結果。

也唯有在你能夠回答這些問題後，你才能知道明天客戶在哪裡，不用逢人就要求轉介紹，逢人就談合作。就算眼前沒有客戶，你也會知道該透過網路開發哪一種類型的人才會跟你買

東西，從此再也不用看人臉色，未來真正掌握在你的手上。歡迎來到數位創業家的世界！

當你的想法轉變成這樣時，才是真的創業思維。除此之外，任何創業充其量只是擁有一份薪水很低的工作，運氣好你可以成為有錢人。但大多數的情況，人們只是在做一份比每天開口閉口都討厭的工作還沒前途的事業。你之所以忍受，是因為最起碼那份你討厭的工作，還可以為你養家餬口。

4 過去的創業法

現在你知道創業，跟擁有一份自己給自己工作的差別。基本上大多數的創業家有的都是這種思維。

具體來說，過去的創業家都是怎麼開始一個生意的呢？

首先他們會研究一個市場。

什麼是市場呢？

假設同一個問題，是很多人都會有的困擾。比方說待嫁新娘都想要在結婚前多瘦 10 公斤，這些新娘的人數每年有 3 萬人，我們可以把這稱之為一個市場。雖然現在年輕人結婚的越來越少，但根據可靠數據顯示這五年內最起碼還會有 18 萬人次的新人會結婚。而這 18 萬人裡面，共有 12 萬人想要在結婚前再多瘦 10 公斤，他們平均願意投資 3 萬元讓自己瘦下來。

現在把這個數字作個簡單的計算——

12 萬 ×3 萬＝ 36 億

這就是五年內可預期的市場規模。

當這些厲害的商人在研究某個市場後，他們發現人們有一個新的問題急需解決，並且在計算市場規模後，發現確實有利可圖。接著他們就會去找相對應的產品來解決這個問題。他可能會請人研發減肥藥丸，或是找代工廠直接貼牌生產產品，也

可以直接成立一間減肥中心，或是開一間健身房，甚至走在時代先端的商人會製作線上課程教人們在家減肥。

這是第二步：找到解決問題的產品。

一旦找到有需要的人，也產生出解決方案後，接著就是把產品想辦法賣給有需要的人。

這就是第三步，把產品賣給這些有需要的人。

換句話說，過去的創業家們賣出太陽底下可以賣的任何一個東西。我很佩服這些人，因為他們的興趣在於賺錢，不管這件事他感不感興趣，即使無聊至極，只要可以賺到錢，他就會去做。

不過我們不一樣，我們喜歡賺錢，但更喜歡享受人生。

好了，我們來總結一下，過去的創業法是——

1 **研究市場**

2 **找到問題，並且判斷市場規模**

3 **找到產品，並且賣出去**

如此不斷地循環，日復一日。

實際上這樣很好，一點問題也沒有。只是如果你跟我一樣，認為這世界上除了賺錢以外，還有更多的生活價值觀需要被實踐，想好好體驗這個世界的美好。那麼你就一定要看看下一個方法。

5 星巴克創業法

　　如果你覺得賺錢很重要，也認同這是存活在這個世界上不可或缺的一件大事，但是又不希望滿腦子想的都是錢，這是可以兩者都兼顧嗎？

　　是的，你可以的！

　　這就是這本書誕生的原因。

　　過去創業的做法是從客戶出發，沒有關注到你自己（創業者）的需求。這種情況除非你是以賺錢為樂趣的人，如果不是的話，總有一天也會對這件事感到厭煩，在遇到挫折時也很容易放棄，因為這不是你喜歡的事情，那麼當遇到挫折的時候，哪來堅持下去的理由呢？

　　所以該怎麼做呢？

　　請顛倒過來，從你出發。

　　在數位創業家的世界裡，一切事情都是以**讓自己快樂為出發點**，唯有你才是這個事業裡面第一優先的事。當你認真思考過這些事後，你才知道用什麼方式來服務客戶。這樣你開心，客戶也開心。更可能因為你周到體貼地提供給客戶好的服務，客戶因此獲得了美好的體驗以及更棒的成果，所以之後也會繼續跟你買更多的東西。

這就是我們這個行業的成功循環。

接下來，為了幫助你創造出你的成功循環，現在請拿出紙和筆，好好練習以下的作業，哪怕是要花費你兩個小時，也很值得！畢竟這可是關係到你的未來。

1 首先列出你最在擅長的 10 件事情。

2 這些事情裡面，哪三件事情你做的最好，即使你在睡覺，你不需要做任何的準備也可以做得很好。

3 哪三件事情，即使客戶不付給你錢，你也會很開心地協助他完成（當然這個你自己知道就好，不用說出來。不然大家一直找你幫忙，你就忙不完了）

4 寫出哪些人看到你的這個服務，立刻就可以辨識出你能夠為他創造的價值。（這會讓你省去銷售的困擾，而且你的價格可以賣得更好。這就是你的夢幻客戶）

5 從這些你最在行的事，選出你最想做也喜歡做的項目。

6 針對這個選定的服務定價。

7 列出你每年的財務獲利目標。（你要賺多少錢，才能過上你理想的生活型態）

8 每年獲利目標／產品定價＝一年應該賣出多少個。

9 一年應該賣出的數量 /12 個月＝月銷售目標。

10 月銷售目標 /30 ＝每天應該賣出幾個，才可以讓你過

上理想的生活。

11 以這個數字作為指標，立即行動。

當你運用以上的步驟，完成這整個練習後，相信你已經清楚看見，產品應該賣什麼，以及要賣給誰，最重要的是每天要賣出多少，你才能過上理想的生活。

想知道如何把興趣變成一個事業嗎？請掃描右方的 QR-code ！

6 做大家都在做的事

完成作業之後，要怎麼確定我的產品有人要、有人會買單呢？

到現在你還無法確定。但是在看完本書後，你將學會如何測試你的產品是否有人要，這可以讓你在行動前，為你省下一大筆錢以及寶貴的時間。可是在那之前，你還要先做個功課，因為到目前為止我們都只是站在你喜歡的角度討論，但這畢竟是做生意，我們還是必須在商言商。

所以你要十分確定，是否有人願意為你的服務買單？

學生總喜歡跟我說：「Marc 老師我有一個很棒的想法，這個 Idea 都沒有人做，一定可以賺大錢的。」

我是個很不喜歡潑學生冷水的人，更何況我不是什麼先知，也沒辦法知道做這種世界上唯一的事業能不能成功。

但是我秉持著一個理念：創業的目的是為了讓自己以及家人過上更好的生活，同時幫助客戶改善生活。絕對不是為了證明自己很厲害。更何況證明很厲害的方法很多，不一定非得逼自己爬上喜馬拉雅山並且在上面倒立十分鐘才行吧。

基於此，我都會跟學生說，記住兩個原則：

1 雖然你很聰明，但是我們要假設這世界上一定還有很

多人比我們還聰明，更何況這個地球有將近 70 億人口，你想得到的，別人一定也想得到。

② 如果別人沒有在做，就代表他們早就實驗過了，並沒有賺到錢。此時請直接放棄這個想法。

這是我檢驗一項生意能不能做的第一步。

當然檢驗的方法，在網路有一個簡單而且被驗證過的標準：

Q1 看看這個產品的廣告會不會一直出現。

Q2 過去有沒有人曾經為這個服務付錢過。

Q3 這是一個一直存在的行業嗎？

例如：

① 減肥的廣告一直出現。

② 很多人願意為了瘦下來，支付一公斤一萬台幣的費用。

③ 這是只要有女人的地方，就會存在的行業。少說都有 2000 年的歷史了。

用這個角度判斷，基本過關。現在最起碼證明，你選對了產品，你的人生有機會，充滿希望了。

下一步，就要找出哪一個才是對的產品。不過這是第四章你即將學到的事。現在我們先做好基本功。

聰明的你，腦中應該想到先前賣傳統小吃的例子。很顯然的那是絕對可行的行業，問題是整個市場新出現的問題在哪裡，你的產品是客戶願意買單的嗎？

此時產品已經不是以好吃做為客戶評分的唯一標準，可能必須加上感人的故事，甚至是新奇的裝潢……才能吸引客戶聞香而來。

相信現在你腦中已有更明確的創業藍圖了，對吧！？

想知道如何在開始一門事業前，確定它是否有市場？請掃描右邊的 QR-code。

7 你不需要辭職去創業

　　推開醫院大門再次見到陽光，已經是三天後了。小吳再一次告訴自己，再這樣他就要辭去這份工作。可是還沒等到下一次，他就已經決定做出人生重大改變。

　　小吳是一名醫生，畢業後他懷著滿腔的雄心壯志，打算好好磨練自己，所以挑選了急診室的工作，畢竟在這裡是什麼疑難雜症都要會。

　　有一天他回家時，突然發現他兒子會走路了，而他卻完全沒有參與到這件事。對於一個熱愛家庭的人來說，他完全沒有辦法接受這件事。

　　於是他告訴自己，一定要改變，更何況他在讀醫學院的時候，就是老師眼中的叛逆小子。當然這次也不例外。當他知道可以透過網路讓自己過上自由自在的生活時，毅然決然地辭去了月薪 40 萬的工作，到只有目前薪水一半的小診所當醫生。

　　一開始他還沒有確定自己在網路的創業家身分，你可能會以為小吳想在網路上分享健康知識，是的他曾經想過，但這不是當時的第一選擇，因為他本身的興趣很廣，減肥、瑜珈、吉他、爵士鋼琴、太極、武術……什麼都會，其中任何一樣都可以在網路上開創一番事業。

他的想法是這樣，只要在網路上的收入超過了醫生的收入就不當醫生了，所以在達成目標前，他白天依然還是在診所工作，晚上因為第二個兒子出生，還要身兼奶爸，真的是很瘋狂。就這樣他每個月用不到 20 小時的時間處理網路上的工作，在成為數位創業家的一年後，他辦到了，甚至還出版了一本書，成為了作家。

現在白天在診間，只要沒有病人，小吳就全力研究廣告該怎麼做才可以搜集到更多的客戶名單，同時也用休息的空檔寫 Email 和客戶建立關係。有次他正在開車時腦中想的還是如何曝光自己的網站，結果發生了個小車禍，當下他決定不幹醫生了。

後來在吳媽媽的百般阻撓下，現在每個星期他還是維持看診三天。看診目前還是他最喜歡的事情之一，但是人生真的太美好了，所以小吳醫生不想只把生命奉獻給病人，一定要過均衡的生活。現在他白天有一份看起來人人羨慕的工作，同時每天還用 1~2 小時打造一個超過醫生的收入，並且可以在網路上幫助另一種病人的事業，這讓他可以下班回到家後全心陪伴老婆和小孩。

閱讀到這裡你是不是很好奇，小吳到底在網路上是做什麼生意啊？

小吳醫生發現，很多人都想進入這行，他們的問題出在沒有辦法產生源源不絕的內容，他發現這正是他的專長，他藉此

讓自己在市場有一席之地（還記得前面提到 IKEA 的創業故事嗎？是不是有異曲同工之妙啊！當然發現市場的方法在第三章會有專章說明，現在別急，跟上我的腳步就好）。換句話說，他起步時可是一點優勢都沒有，他不是用醫生的身分出發，因為他挑選的是服務數位創業家，他在市場上完全是個小白，跟他的醫生袍一樣白。

為什麼我要跟你分享這個故事呢？

相信大多數人的認知是：醫生絕對夠忙。但是小吳在這種情況下卻可身兼奶爸、醫生、數位創業家，甚至在創業的第九個月還出了一本書。如果你覺得自己不是專家，不是名人，白天要上班沒有時間創業，現在你看到了這些絕對都不是問題了吧。

真正的問題在於你願不願意承認自己的力量，你願不願相信，只要你肯，你就能打破平庸。如果你願意，也想要改變人生的話，請繼續往下讀。

▶小吳醫生利用看診空檔，幫我主持線上研討會，左邊是網路理財人氣女王呸姐（後面你會讀到她的故事），我是中間的神秘嘉賓。

零痛點股票投資達人 Jakie

　　我是零痛點股票投資達人 Jakie ，目前 28 歲，住在桃園，早期曾接觸過直銷、保險業，退伍後全心投入股票研究，過去每天至少將近 16 個小時在研究股票，現在則是全心全力投入網路行銷的領域。

　　我擅長用一些方法把投資股票時的恐懼以及虧損降到最低，在痛苦程度幾近於零的狀態下，最容易在股票市場中獲取超過自己想像的利潤，進一步擁有自己想要的人生，所以你可以在網路上搜尋「零痛點股票投資達人」找到我。

　　但是我時常告訴自己，人生中最美好的事情不是把股票投資練到最好，而是認識 Marc 老師。

　　我最想告訴 Marc 老師，你真的是一個能不斷創造傳奇的「傳奇人物」。而我也深信堅持下去我會獲得我想要的成功。

　　我以前也花了至少十幾萬在學習網路課程，但是在我學習 Marc 老師的課程後，從來不會在網路上知識變現的我，居然能夠在「預售」的狀態下，用不到兩千元的廣告成本取得一萬多元的

利潤。

　　而這件事情只在雙十連假過後就發生了──

　　原本我只是利用連假做測試，證實一下市場的需求，能夠透過預售的方式，將人生中第一個知識變現的資訊產品賣了出去，當下那感覺就好像你已經看到未來就在你手中了，差別只在於這條路你還願意堅持多久。

　　如果你覺得要學過市面上所有的網路行銷老師的課程再來比較，那麼我很肯定地告訴你，與其亂槍打鳥碰運氣，不如集中靶心找最好的學習。因為只有傳奇人物能夠把你打造成下一個傳奇。

Chapter 2

定義你要的生活型態事業

Digipreneur

1 數位創業家的型態

在第一章你已經清楚知道你喜歡做什麼事，也知道做什麼事能夠發揮你的強項。如果現在我要求你直接變成一個專家，相信你一定會有很大的抗拒，認為這可能會讓你生不如死。

其實不僅僅是你，大部分的人都會如此。這最主要的原因是出在你對自己的經歷還有經驗沒有信心，此時的你還看不見自己是一顆未被擦亮的鑽石。

但正如我之前跟你說過的，即使你對自己的專業知識跟人生很有信心，你很樂於分享，甚至到最後即使賺了很多錢，還是可能會對這一切感到不滿足。

為了讓你的創業路走得更順遂，過上你要的生活，我虛擬了一個故事，讓你看見可能的生活型態事業會是什麼樣子。當然在網路上你絕對可以找到很多這種真實案例，甚至你可以去觀察我書裡面的故事主角，他們都是這種生活模式。

在這個故事裡面你會看到（ ），括弧裡面我會寫到一個極為關鍵的名詞，請你把它跟故事聯想在一起，因為這是接下來這個章節以及下個章節你將會學到的重要事項，同時也請你在腦中描繪出這個故事的樣子，這可以讓你看見你未來的可能性。

小明是兩個孩子的爸爸，他們是雙薪家庭。夫妻倆最喜歡做的事情就是旅遊，也因此在網路上寫了很多部落格文章跟網友們分享他到處旅遊的見聞。一開始小明並沒有打算寫部落格，直到有天他在臉書的討論區看到很多自助行的新手持續不斷地問一樣的問題，而這些問題剛好也是他以前會一直發問的問題。

　　恐怖的是，那些新手們發問還會被正義魔人糾正 ：請先爬文再來發問。其實有時候不是不爬文，是真的找不到或是情況太緊急啊，沒時間一一看完。

　　於是他決定在網路上寫文章，跟大家分享他在日本自助行遇到的點點滴滴，同時也想跟大家分享他的私房景點，以及機票該怎麼訂才會便宜的方法。

　　既然這種是屬於教學文，就絕對不能夠一篇文章說完所有的話，不然說了等於沒說。於是他開始把一趟旅行從開始到結尾都拆成不同的步驟。

　　從如何買機票、辦簽證、落地簽、入關，如何從機場到飯店，這家飯店為什麼值得入住，好處在哪，同時也說了缺點。如果訂不到飯店，附近還有哪些 CP 值超高的替代飯店，到當地有什麼好玩、好吃，哪些旅遊景點必去，哪些景點是浪費生命，滑手機看看別人拍的照片就好。就因為他的文章都是很有幫助性，漸漸地開始受到眾多網友們的熱愛與推薦。

　　有一天他發現，網路上有一種機制，它可以幫助別人去買

到跟他一樣的便宜機票，住高 CP 值的飯店卻只要原價 2/3 不到的價格。方法很簡單只要在文章跟飯店相關的地方，附上 Agoda，Booking，Hotels.com 的網址，讀者就可以自己從上面比價，並且獲得最好的入住方案以及價格。

通常這個過程會省去讀者很多麻煩，更棒的是當他的讀者買到便宜的機票跟 CP 值高的飯店時，這些訂房網站還會把部分的房價當作獎金回饋給他。

後來透過這種方法，小明在網路上每次只要幫助到一個人，他就會賺到一筆獎金。這就像你是個歌手，只要有人播放你的音樂，就要支付版稅給你是一樣的道理。

小明的文章就像版權音樂般，隨著小明的分享越多，文章就不斷地自動為他帶來更多版稅。這個收入甚至超過了他上班的收入，於是他開始成為全職部落客，用心分享他的經驗來幫助更多人（**聯盟行銷**）。

在與讀者不斷互動的過程中，他發現大多數人的困擾是，不知道如何在不同的季節安排行程，因為這真的需要很多的腦力，不僅要考慮到車子、住宿、玩的景點，如果同行者當中還有小孩子跟年長的長輩，那麼要考慮的變數就更多了。

所以他決定推出一個服務，可以讓客戶提出需求，由他來幫客戶規劃行程的服務。做法是這樣子的：首先他規劃好一個行程，裡面分成不同的方案，有情侶專案、家庭專案、年長者隨行專案，並且把不同專案寫成不同的文章。

接著他開始跟讀者宣告推出了行程規劃服務，開放可以付費購買部落格的私密文章。網頁是這樣寫的：

　　當你付了費用後，一整年你都可以看到各式各樣的行程規劃。而且當你遇到問題時，或是你有特別想去的地方，只要在秘密文章下方留言，我會親自為你解答，並與你一起討論優缺點，甚至是你也可以直接提出你的規劃，讓我來跟你討論合不合理（**團體教練**）

　　這樣的諮詢方式，小明收取的費用是年費 3680 元。因為這實在是太超值了，並且服務的口碑都很好，這讓小明間接獲得了更多人成為他的訂閱客戶。（**訂閱制**）

　　後來隨著小明的讀者群越來越多，專辦國外一日遊行程的旅行社竟然找上了他說：「你的行程規劃，很多是我們的一日團就可以搞定。參加一日團的好處是省時間，省掉換車的麻煩。如果旅遊的途中有長輩隨行，或是帶小孩，更是能省下很多麻煩，簡直就太完美了。」

　　有些行程，勢必參加當地的旅行團才可以達到真正旅遊的目的。當然了如果小明的讀者透過他的網站去購買一日遊行程，會比市價便宜，同時他自己也能獲得獎金（**聯盟行銷**）。

　　就這樣，小明在網路上越來越火，也越來越多人在臉書上追蹤他。有天讀者問他可不可以有一個出國速成的文章或教材，小明仔細思考了一下，這麼多年的交流中，以及幫讀者規劃的行程時所發生的每一件事。他發現即使文章分享再細，圖

文指導再清楚無比，但是看過他的文章還是有會犯錯的可能與意外。

因此他推出了第一本《3 萬玩遍日本》的電子書（**獨特賣點**）。

因為到日本旅遊，沒有什麼難度，有錢就可以了，甚至全程都可以用中文。但是他竟然說出了 3 萬玩遍日本這種誑語，這個舉動造成了網路的轟動，這本秘笈定價 980，訂單也如雨後春筍般地湧了進來。（**知識變現**）

因為小明邊走邊玩引起了很多機構的注意力，他們都希望學會小明透過分享自己的經驗談因而改變自己人生的方法。於是他開始在「他樂意的時候」做公開演講，與大家分享這種可以改變人生的生活模式，當然了大部分的場次是收費演講的（**講師**）。但是很多時候他會把演講費捐出來幫助偏遠地區的孩童。

在不斷演講、發布網路文章，以及在社群媒體跟粉絲互動的過程中，出版社開始注意到他。於是他也出版了人生的第一本書。這件事對小明來說很重要。因為書是一個可以留給後代子孫的資產，也可以是跟客戶見面的名片，更棒的是這是一種社會見證。新書發表後，他接受了更多的電台訪問，也受邀上電視分享他的旅遊經驗及創業歷程。最後還意外地接到了一個洗衣精代言（**業配**）。

也因為他出席了很多的活動，認識了很多很棒的人，這些

人對日本或其他國家有深度的見解。於是他開始邀請不同的專家來與他的讀者分享不一樣的旅遊經驗，當然了每次分享時提到的飯店、景點門票，也會一併與客戶分享到哪裡可以買到最划算的價格。（**主持人模式**）

有天小明發現，有個 26 歲的年輕女生小淳竟然用 26 萬，完成搭遊艇環遊世界的壯舉。小明知道環遊世界是很多人的夢想，而且這個費用只要存款幾年任何人都負擔得起。可是這個女生不知道該如何跟別人分享她是如何辦到的，於是小明和她合作成立了一間公司，由小明在背後策劃整個過程。而小淳就是出現在台前的明星，這又是一記全壘打，因為這打中了世界上每一個人心中的夢。小淳也透過這次的合作賺到人生第一桶金。（**導演模式**）

最後因為小明的事業越做越大，要寫的文章過多，有太多的客服要做，於是他從個人品牌變成企業化經營，甚至最後成立了自己的旅遊訂房網。

看完這個故事是不是覺得很興奮呢？

雖然這是一個虛擬的故事，但是現在全球至少有幾千萬人都過著這種生活。

重點是你有沒有發現，一切都是從分享他喜歡的事情開始的！？

實際上這個故事很類似我的，只是我不是從旅遊開始，我舉這個例子是因為它貼近每個人的生活，你可以很輕易地就看

到這些事發生在你身上的可能性，只要你想，一切都有可能。

　　這就是我說的生活型態藍圖，如果一開始你沒有先打造這個藍圖，那麼你就不知道每天該做什麼，也不知道錢從哪來，當然就看不到自己未來脫離朝九晚五的可能性。遇到機會的時候你也不知道該把握，有時候即使賺到了錢，你也會感到很痛苦。

　　試問，每天你都在做你喜歡的事情時，你會覺得你是在工作還是在玩呢？肯定是在玩，玩的時候應該沒有人會覺得累的吧！而且再累也還是會迫不及待地多玩幾次。

　　在你的腦中，你必須要有一幅很清晰的生活型態藍圖，這樣你才能過上你想要的生活型態生活，也唯有如此才能做你所愛，愛你所做。

2 這個事業運作的五種模式

提到小 S，大家就會立刻聯想到她是談話性節目主持人，也是歌手（發過幾張唱片），愛跳舞、貴婦、演員、作家、商品代言人。

但是你再細問，她做什麼工作讓你印象最深刻、最適合她呢？我想大家一定有志一同地說節目主持人。

要成為數位創業家也一樣，你要先決定一個主體，然後再擴大經營。要讓大家聯想到你的第一印象，一定是某一個形態的身分，就像小 S 是節目名主持人一樣，這樣客戶才會知道你在做什麼，不然會覺得你不務正業（笑）。

數位創業家分別有以下五種身分：

1 生活典範
2 研究員
3 專家
4 主持人
5 導演

我知道這看起來似乎是一個大工程，請放心，我一直在教導像你一樣的人，成為數位創業家，知道你對這種事業如何運作以及你是否真的可以成為「專家」存有疑問。在本章中，我

將依照成為不同身分的難易程度，一一解說。

　　那麼現在讓我們來談談，在你的想法中最緊迫的問題，以及我從世界各地粉絲那裡最常被問到的問題：「Marc，我怎麼可能被認為是專家，誰又想聽我的？」

　　對於這個問題，請繼續往下看。

3 生活典範模式～豐造

　　人們傾聽他們所信任、尊重、欣賞和追隨的人——他們傾聽榜樣。這是顯而易見的。如果人們相信你是一個好人，他們會問你各種問題，希望從你身上得到好的建議。這現象並不難理解，想一想你是否曾有過：即使你知道他們不是「專家」，仍然會聽從對方的建議呢？當然是有過的。

　　小時候你跟表哥玩摔角，不小心折斷手指，你聽表哥的話纏起來就好，而不是去找一位醫生，告訴你如何「治療你的手指」。你的朋友告訴你，你的汽車引擎聽起來有雜音，所以你請他帶你到汽車百貨買零件。於是四處聽別人分享賺錢機會的朋友，告訴你一個秘密富有的機會，你試了又試，最後血本無歸。

　　我總是驚訝於這個概念是如何出現在我的生活中。數以萬計的人透過網路、社群媒體看到了我。無論出於何種原因，許多人都會向我求助，他們經常為我的「專業知識」支付數萬台幣的費用。

　　例如，我接下一家兒童出版社的顧問輔導案，協助他們擴張、發展在大陸的事業，重點是我不是出版專家。

　　儘管我對感情處理並不拿手，自己在這方面也做得很糟

糕，但我的一位學生，他還特地從臺北南下來台中，希望我能
指導他如何在事業跟工作上取得平衡，當時他跟太太的關係很
糟，鬧得幾乎快要離婚。儘管這些都不是我的專長，但他們就
是習慣找上我。而且我發現類似這樣的事情總是發生在具備良
好聲譽的人身上。

　　企業的所有者、演講者、作家、名人、博客作者、YouTubers
以及每個行業和各行業的領導者都會不斷徵詢他們的建議並為
他們的知識提供資金，不管是專業知識、諮詢、指導或完全超
出其知識技能、經驗或能力領域的內容。

　　為什麼？

　　因為人們傾向從他們信任的人那裡取得建議，這是因為那
些人值得被尊重、欣賞和追隨。

　　簡而言之，人們尋找好人來獲取信息。我也和大多數的
人一樣，傾聽我敬佩的人。「館長」，一開始只是個健身房老
闆，在直播的時候三句話大概有兩句話是三字經。但是他的直
播現在有很大的成分是在教育社會大眾做事正直，別走歪路。
因此他獲得很多的代言機會，同時也為社會捐獻很多物資、金
錢，當然我個人猜測他當榜樣的收入，應該超過他的健身房本
業。

　　為什麼我要在這裡提出這個問題？

　　這是為了讓你正視一個事實，如果你被視為榜樣，你將會
發現你的身分是定位自己，成為專家非常有力的支柱。

簡單來說就是──「做一個好人，好事就來。」

　　我想，這整個社會需要更多的榜樣。更多人需要活在充滿誠信、愛心和服務他人的世界，我相信未來屬於這些人的。對於那些懂得如何過上美好生活並服務於他人的人來說，他的生意會自然茁壯豐富是可以理解的，就像館長一樣。

　　豐造，過去是保險公司的業務員。當時發現很多人因為保險公司業務人員的理賠專業知識不夠，而無法獲得合理的理賠金額，他覺得這樣很不公平，因為理當站在客戶角度保護客戶的理賠專員，由於自身專業知識不夠，導致遺憾發生。因此他想讓人們獲得應有的理賠，所以特地專研了這方面的專業知識及法規，並跟醫生討論相關知識。接著他在網路上經營部落格，分享正確的理賠觀念以及正確的知識，解決這些人的疑惑。

　　這讓車禍遇到理賠不合理的人，有了明確的方向，也為他建立了值得信賴的形象。他在網站上分享了很多與醫生溝通時的重點，但是畢竟跟醫師和保險公司的溝通上有一定的「眉角」，否則可能因為自己的口誤，或是理賠專員不夠專業，就無法得到合理的理賠，最後客戶所幸就直接委託他作為談判代表。

　　後來因為他幫助了很多人，在網路上曝光的情況特別好，有時候一天會有二百多人找上他，這樣你就知道台灣的保險還存在跟客戶溝通很大的空間。現在台灣北中南都有人委託他作

為談判代表，可想而知需要他服務的人多到他一個人無法負荷，他還因此在北中南大量訓練保險業務員，讓他們擁有跟他一樣的專業知識，並且輔導他們可以獨立地完成別人委託給他的工作。

這就是一個想要幫助別人，最終獲得一份事業的生活典範模式。

不管你一開始是不是要從專家或其他的模式做起，你都要找出你可以作為別人榜樣的事蹟，因為這可以讓客戶信任你，並且獲得向心力。

請回答以下問題，來找出你的典範事蹟：

1 人們可能會佩服我的一個原因，是因為……

2 我試圖透過遵循以下原則來過上美好的生活。

3 當人們看到我對某件事的態度時，他們可以說我做過的事情。

例如：你對小孩子的教育不遺餘力，或是一個賣菜的奶奶捐了 1000 多萬做公益

4 使我成為一個好人的特徵？我要向世界展示的態度是什麼？

4 研究員模式～ Tifa

「Marc，我怎麼可能被認為是專家，誰又想聽我的？」

記住，所有的專家一開始都是學生，在成為這個領域的專家前，我也一樣。換句話說你可以開始研究任何主題並成為該領域的「專家」。

Tifa 意外地了解了這一點的價值。

Tifa 是台北醫學院畢業的研究生，在學生時期本來要當明星，後來因為條件限制太多，她放棄了這條路。當時大學的教授都希望她嫁給醫生，當個醫生娘，安穩過一生。

如果是這樣就好了……偏偏她就是個叛逆的女孩。最近 Tifa 媽媽看到她的時候，大吃一驚，因為她竟然開了兩家數百萬資本額的公司。

這也難怪，原來她一畢業後就跑去當保險業務員。在當保險專員的期間，一開始業績很爛，經過幾年的努力最終變成銷售冠軍。

有天她發現，當初做保險是因為不想領死薪水，想要透過自身的努力獲得更高的收入。但是變成銷售冠軍後，卻發現錢賺再多，錢還是不夠用。認真檢討與自省之後，她發現竟然是自己不會理財的緣故。

這下問題大了，因為她的工作裡面，有一個區塊是幫助客戶理財。她驚覺這件事是不對的，既然自己都做好這一塊就不能幫別人。

而且做業務的時候，她深深地感受到客戶的不情願。她不希望用這種高壓的方式讓自己沒朋友。於是……這個叛逆的女孩又離職了。

這次她決定重新學習理財的方法，後來她很肯定地確認原來過去的做法都是錯的。而且因為她見到身邊很多好朋友因為沒有正確的理財觀念，投資了所謂的發家致富機會，導致整個家庭的經濟狀況陷入險境。為此她成立了 Tifa 理財部落格。在裡面分享她自己離職後學習的理財觀念，希望幫助一些人避免走上錯誤的路，她的方法就是指導人們玩現金流遊戲，這個遊戲是由暢銷書《富爸爸·窮爸爸》作者所創立的，Tifa 透過學習從中領略了理財的真諦，所以她決定用現金流遊戲讓人們學會正確的理財觀念。

漸漸的，她的部落格有越來越多人關注，甚至她還因為投資了夾娃娃機而上了報紙。如果你說她是因為漂亮才被選上媒體曝光的機會她可是會生氣的。因為她是憑藉離職後學習的網路行銷在網路上獲得 Google 搜尋排名第一，才獲得這個機會的。

為什麼人們願意跟 Tifa 學習呢？

因為現金流遊戲是由真正的專家研發出來的，只要經過訓

練，任何人都可以正確地指導別人這個遊戲。因此 Tifa 舉辦實體活動的時候，就是很單純地分享她學會的。

就這樣經營一段時間過後，Tifa 累積了足夠多的粉絲，同時她也發現粉絲需要更多的技術，最後她把核心思想規劃成：

1. 行銷賺錢 2. 理財 3. 投資。

Tifa 的模式很簡單，在分享自己所知道的知識後，同學如果想做更深入的學習，她便介紹學生去跟在這方面專業的老師學習。就這樣她現在也朝著專家的路邁進。但是她的目標卻不是當專家，是當主持人，是稍後你會學到的模式。

現在回到想想你自己。請立即停下你手邊的工作，並完成以下的研究員啟動問句：

1 我一直熱衷的話題是……

2 我想幫助別人掌握的主題是……

3 如果我可以研究世界上的任何話題並幫助人們掌握它，那麼這個話題將是……

4 我認為人們在這方面需要幫助的原因是……

5 為了開始研究這個話題，我可以……

6 我可以就這個話題採訪的人包括……

當你找出最喜歡的主題後，瘋狂地購買一百本與這個領域相關的書籍，在一個星期內把它讀完。或是去找你最欣賞的

老師、上相關領域的課。然後把你所學習到的知識做成筆記銷售，請注意，做筆記是你的心得，並不是盜版老師的內容，所以也請務必明確地寫上你的訊息來源。

　　研究員，不僅可以提升客戶對你的信任感，人們也會因為你的這個舉動讓這個世界更美好。

▶ Tifa 一開始還不懂得如何用網路借力，只好用實體辦活動的方式慢慢經營自己的事業

5 專家模式～ Percy、Jackie

「除了處理公司的專業外，其他的我都不會，這可以變成一個事業嗎？」

首先，記住生活是一條單行道，你沒有回頭路。換句話說：你總是比某些人走得更遠，你學到的教訓對別人都是有幫助和寶貴的價值。

當生命走到了這個時候，很顯然的你知道如何繫好你的鞋帶，但其他比你年輕幾歲，在你身後的人卻不會，如剛出生的小嬰兒。你知道如何開車，別人不會。你可能知道如何找到工作，但有一部分的人則不知道。你可能知道如何寫一首歌、拍攝家庭紀錄片、創建一個部落格、擺脫債務、減肥瘦身、改善婚姻、引導他人、處理批評、生小孩、管理員工、考試、找到人生目標……等

當初你在經歷這些事情的時候，有沒有覺得那是十分棘手的事呢？

實際上，現在跟你經歷同樣事件、困擾的人，也正在研究要怎麼處理這個燙手山芋。

2014 年 Percy 遭遇了人生谷底，至少在他的認知上是如此。

他原本是台北一間資訊公司的主管，後來因為公司的董事結構改變，導致整個公司氛圍不對，所以他毅然決然辭去了大家眼中的好工作。

辭職後，他開始在網路上找工作，因為原本就有關注到曼谷這個城市，所以很快地找到在曼谷房產的工作，沒想到工作之後，意外讓他找到了讓自己再次發揮的機會。

可是他一直忘不了要擁有一個自由自在的工作，在學習過我們的方法後，深深發現這就是他想要的。最後他也想跟我一樣在網路上指導人們改變現狀，讓人們過上自由自在的生活。同時他深信，擁有這樣的事業可以真正改變一個人的一生。

但是一開始並不是這樣順利的。因為他覺得自己沒有相關的成功經驗，所以不敢貿然出來教人，畢竟他想對自己以及學生負責。

於是他決定，先把他的專業拿來分享給別人，如果運作得不錯，那麼他自身就有成功案例，就可以教導別人了。

當時他會的事情很多，但多半都是工作上的專業領域。經過幾番市場調查後，他發現現在市場上大家對於學習投資房產的關注度很高。

可是當前遇到的問題是，投資房子要先有一筆資金，同時還要擔心房價下跌的風險，如果因此還揹上一筆債務就得不償失了，而且這些房產老師教的多半是台灣、馬來西亞的買房法，都是現階段投資房產風險較高的地方。

因為工作的關係，他見識到了高財務槓桿的作用，而且也親眼看到了安全的投資法，重點是這不需要頭期款就能投資。所以他做了市場區隔，推出了「零頭期款，海外房地產投資術」。

　　當他的課程第一天發表後，立刻賣出了幾套。

　　開心到直接去飯店開房間……上班。

　　之後他每個月透過網路的收入約 20 萬台幣左右。

　　後來他在這個領域建立了信心，知道正確的方法後，也開始提供他的客戶在網路上銷售產品的方法。現在他同時是海外

房產投資專家，還有網路行銷專家。

而且就算不是從工作上的專業知識切入，從你的人生經驗切入也可以。我們來聽聽 Jackie 的故事——

我和一般大學生沒有什麼不同，因為小時候家裡窮所以讀商科希望未來可以從商。我的老媽告訴我「如果有機會學會股票投資，你一定要去學會它，因為它會讓你的生活變得更富有。」當時沒有想過自己會進入股票的領域，可是在大學的時候碰到系上一位很厲害的教授，他在系上是做股票做到很多老師都去找他問名牌的，後來我也去修他的課。

一開始上這個教授的課時，我很認真地向他詢問有關股票的相關知識（畢竟他教的是投資和財務），結果這位教授可能不太願意教，或者只是單純想考驗一下學習的決心，所以我就被叫去研究一些超級複雜的文獻，這些東西不外乎就是國外傳進來的投資學，然後裡面有一大堆只有鬼或者神才看得懂的公式。

想當然正常人沒辦法研究這麼艱深的東西，後來我索性就去買市面上的書來研究，研究完後因為我有在打工，所以就拿著打工的錢去試，一試就不斷虧損，就這樣在賺賠之間完成了四年的大學學業。

由於投資股票一直處於虧損狀態下，身邊的錢早就沒了，我出社會的第一份工作是在飲料店打工。過了幾天後，我的心情實在差到不行，因為我不想讓自己被「貧窮」跟著一輩子，

更何況我一直努力提升自己，是希望能夠讓自己的母親過上比較好的生活。在這種不甘心和覺得未來一片慘淡的情況下，最終選擇辭掉飲料店的工作，開始反思自己未來的出路。

當時就以往的經驗來看，我在大學時接觸過保險、直銷，可是又發現自己並不太能在人群的面前銷售，或者說我根本就不敢對他人銷售，所以就算有保險業務員的資格也沒有用。

就在那時候我想到我以前對於股票的熱情依然存在，有一股就算是賠到沒錢都要想辦法在這個市場上研究下去的衝動，於是我決定先考取一張證券商業務員的證照再說，想說如果直接投身到證券業，或許對於股票的投資會學習到什麼！

結果滿心期待進入證券業後，才知道原來證券商業務員純粹的功能也是在銷售，換句話說就是變成在「賣股票」而已啊！即使每天在那邊看盤，也不會看出什麼心得，而且證券業的流動率高得驚人，於是我選擇了放棄。

事實證明考過證照不表示就會操作股票，因為那時我最慘的狀態賠到口袋只剩下兩三百塊。

一直到 2014 年底，當時和一位很厲害的股票高手學習過，才漸漸搞懂怎麼從股票中賺到錢，雖然那時候賺的都不多，但是我仍然在這個領域精進，也研究出很多方法，至少現在還有辦法用股票投資來過生活（基本上每個月投資報酬率目標約 30%，當然也是有表現不佳的時候啦）。

到了這裡，我的人生算是翻轉了，但是心想總不能就這樣

一輩子吧？

因為我的生活是穩定了，但是內心其實沒有感到很快樂

於是我開始回想，在我的人生哪一個階段，做什麼事情是最快樂的呢？

後來我發現過去我的人生在就學階段，除了大學時期是快樂的，其他時光是被孤立以及霸凌上來的，所以我很清楚如果一個人成就不好，在社會上幾乎會被人當做沒用的廢物，學校如此，社會上當然也是如此。

於是我想反正年輕時不敢做銷售、也不會做銷售，那怎麼不乾脆試著用網路銷售股票操作的技巧，相信一定有很多人跟我一樣都從水深火熱之中去找出操作的方法，我想幫助那些真的想學會方法的人做出改變，而不是像我大學的教授叫我去查一些沒用的文獻浪費我的人生

如果能提供一些比較快的方法幫助其他想在股票投資領域盡快達成財富目標，一來證實了他在這個世界存在的價值，二來也可以幫助一些和我一樣貧窮的人。

或許是商科出身的，我知道一個人想要變得更富有，讓未來變得更好，不是做到頂尖的業務員，就是要當成功的創業者，所以當時我直接從網路創業去找機會。

在找到 Marc 老師以前，我曾經在網路上買過一些技術方面的課程，比如說架站、SEO 甚至是製作電子書，然後也就是架個站，做做電子書，幫其他認識的人賣東西，我也做過通路

王。

我以為這些方法，可以讓我在網路上找到有需要的人並且把我的方法無私地傳授給他們，可是這些方法並不是真正的創業，說白了只是在做一件幫人賣東西，沒有事業根基的事罷了，重點是我想用自己的知識幫助別人，不是幫別人賣一些跟我的理想不相關的東西啊。

而且這些在網路上替人家賣東西的成果簡直是爛到不像話，甚至離譜到賣都賣不掉，我覺得自己是典型的失敗達人。

但是我不死心，如我的股票學習過程一樣，既然我都可以找到方法改變人生，這件事我也可以。最後我找到 Marc 老師，這才發現原來付出和幫助他人其實很容易，因為我的同學裡也有一群人也正在做這樣的事，只是大家的領域不同罷了。

而且很有趣的是，在 2017 年第一次參加 Marc 老師的網路行銷高峰會時，在台下聽講的我就這樣賣出了三個 4680 元台幣的產品，這是我第一次將知識變現，第一次感受到網路的威力。而且更讓我興奮的是，這些需要獲得真正幫助的人可以找對人了

今後我想更努力地提升股票知識，並且用知識變現來幫助他人變得更好，這麼做至少在這個世界上可以留下幫助社會的足跡，對我來說這比捐款來得更有意義了！

看完以上 Jackie 的分享，Jackie 的故事是不是也為你帶來勇氣了呢？現在我們來找找你的專家路標——

1 我所學到的五個關於激勵自己和實現我的夢想的事情是……

2 我學到了關於領導他人和成為一名優秀團隊成員的五件事情……

3 我學到的關於管理資金的五件事是……

4 關於觀察成功的商業，我學到的五件事情是……

5 我所學到的關於產品或品牌行銷的五件事情是……

6 我已經了解到成為親密關係中一個好夥伴的五件事是……

7 我學到的關於靈性或與更高權力聯繫的五件事是……

8 我從家庭裝飾／時尚／組織中學到的五件事情是……

9 我掌握了管理我的生活和效率的五件事……

我知道這個作業可能看起來很愚蠢，同時這些問題也不是很容易完成。但是猜猜我剛才幫助你做了什麼？

我幫助你腦力激盪，可以讓你在專家行業的九個最有利可圖的主題中教授他人：

a. 激勵諮詢

b. 領導諮詢

c. 財務諮詢

d. 商業諮詢

e. 市場諮詢

f. 關係諮詢

g. 精神諮詢

h. 風格諮詢

i. 生產力諮詢

只要針對剛剛的提問你認真作答，那麼你將會找到一個金礦市場。總之不管你會的專業是什麼，從這九個領域切入就對了。

6 主持人模式～呸姐

如果有天你爬到了公司副總的職位，你的下一個步驟是什麼？

成為公司合夥人？成為執行長？

但是，呸姐可不這麼認為。

呸姐是理財暢銷書作家，兩個孩子的媽媽，最喜歡的就是在家裡包水餃給大家吃，還有下午去老公的公司巡視，宣示一下主權。

如果可以的話，誰想要當個女強人，不是嗎？

呸姐過去是證券公司的主管，她有兩隻手機，一隻是給投資百萬美元以下的客戶撥打用，另一隻是給投資一百萬美元的客戶半夜有急事的時候撥打用。

有次因為她建議客戶買了一檔掛牌之後表現不如預期的新股，讓客戶在一覺醒來後損失八百萬的港幣，雖然她的客戶都是極度有錢的高資產客戶，但是誰願意無緣無故賠錢呢？當然這鐵定挨一陣罵了。

在當證券營業員的日子裡，因為服務的都是高資產客戶，所以她也把自己當成高資產人士，過的生活完全是走高端、時尚的品質。

當時她賺錢的方式就是協助客戶交易買賣投資標的，而她賺的就是交易手續費。這種好日子，讓她在最好的時機時，月入百萬。

但有天她再也受不了這個模式，便笑著說：做這種生意像是「冒著賣白粉的風險，賺取賣麵粉的利潤」，毅然決定離開這個行業。

當時我聽到她說出這句話的時候，我只能讚嘆。吓姐的神來一筆，常常都會讓我們讚嘆，因為這都是學習文案最終的目標，她卻可以自然地脫口而出，所以我超喜歡公開稱讚她是行銷天才，當然她也實至名歸。

雖然我從來不認為文案是一門需要很認真學習的學問，對我來說在網路上要把產品賣出去，最重要的絕對不是文案，所以我建議學生文案套公式有 60 分就夠了，當然我不會辜負你的期望，既然把話說出口了，當然這本書就會教你 60 分的套路。

在她開創華人線上投資理財高峰會一個半月後，就獲得出版社的邀稿預備出書。同時還因為她的營運模式讓媒體覺得神奇，也因此她在出書前就上了好幾次的《蘋果日報》，甚至還上了農曆春節新年特刊。

她營運的模式很特別。雖然她是這方面的專家，但是卻不想自己下去教，她的想法是，這麼多好老師，可以用不同的方法幫助到更多的人，何必侷限於自己的方法呢？

於是她開始聯絡市面上她認同的好老師，說真的，她一開始差點就放棄了，因為沒有人想理她。畢竟在業界她是資深前輩，愛請哪個法人操盤手就找哪個法人操盤手。可是現在是跨領域，她變成小白中的小白。

結果在邀請了一百個老師後，終於有四個認同她的想法的作者，跟她一起辦了這個峰會。之後她竟開始一帆風順。現在很多業界的好老師都搶著跟她合作，可是現在卻轉變成是她挑選老師。

為什麼，現在局面顛倒過來了呢？

因為實際上有專業能力的人很多，但是大多數都不知道該如何透過有效的行銷找到理想客戶，而他們見識到吭姐的模式後，都嘖嘖稱奇。尤其是在喝貴婦下午茶的時候，突然手機還會「噹」的一聲，提醒她產品又賣出一個囉。

這樣的賺錢模式嚇壞了那些貴婦姊妹們，都紛紛想投資她的事業。現在她更準備進軍大陸。

那要如何擁有一個跟吭姐一樣的事業呢？

首先你必須要先完成生活典範、研究員、專家這三種的作業，同時找出在上一小節提到的九大領域裡面，你的興趣還有專業可以跟哪一個領域做結合。

其次，你必須要選定一個特殊結果作為你要服務的領域，不能是一個大眾結果。

歐普拉一直以談話型節目出名，後來她的營運模式太多人

模仿，所以她決定轉型請專家來談論如何讓身心靈過得更好的節目。此後奠定了她談話節目天后的地位。

如果她現在談論的一樣是所有事情，無所不談，那麼就頂多只是眾多脫口秀之一。但因為她把節目專注於一個特定領域，並且協助觀眾得到一個特定結果。所以她成功了！

厲害的是，這個節目從頭到尾內容都是專家提供，專家從頭到尾頂多只拿車馬費，在更多時候甚至必須要自費或透過關係才能曝光。而這些專家如果本身就會行銷，如：《富爸爸·窮爸爸》羅伯特·清崎上過歐普拉的節目後，從此改變了他的生意規模，成為世界級的教育訓練家。

大多數專家，都是不會行銷的專家，他們都有個好名聲的生活典範。而歐普拉在這整個事業領域裡，因為選定一個特定領域幫助專家曝光，也幫助到有需要的人。到截稿前她的個人資產累積高達 20 億美金。

是不是對主持人模式感到興奮呢？現在請上網開始搜尋你要做的領域有哪些專家，這裡面有哪一位專家理念是你認同的？是你想要邀請來跟大家分享的呢？請記住一開始你幾乎會被所有人拒絕。堅持下去，想想吼姐的例子，你就知道這條路成功的關鍵在哪裡。

記得在網路上看過一段馬雲的話，不知道是不是出自他本人，但是很有意思，跟你分享——

如果你發現朋友裡面有人長期做一件事，你也觀察很久，

如果他還在做，你也剛好有需求，你就找他吧！

因為：

⭐ **如果他沒有實力，早就出局了**

⭐ **如果他不專業，早就不做了**

⭐ **如果他是騙子，早就消失了**

⭐ **長期做下來的就是靠譜的**

我想吙姐呈現給人的就是這種信任感，所以現在大家選擇上她的頻道推廣重要理財訊息，客戶也選擇跟她購買。

▶ 吙姐跟小吳（愛創業的醫生）一起接受訪談。

7 導演模式～ Fish

你是否曾發現你身邊有某些人，他會一種別人做不好的事，而且是很多人都做不好的，但是對他來說就是那麼的簡單、輕易就能辦到。

只是知道他的人不多，如果他的方法可以讓更多人知道該有多好啊。

Fish 是 FB 專家，很樂於助人，可是在網路創業的初期跟錯誤的人合作，所以一直在做白工。後來我發現他的天賦在於簡報，還有 FB 廣告，我覺得他的長才沒有在市場上用來幫助別人，是件很可惜的事。

當時我正好在市場上冒出頭，建立了客戶基礎，以及一些合作夥伴。我們一致認同要讓 Fish 浮出檯面幫助別人。

所以當時我選擇和 Fish 合作，藉由我第一次在線上發布產品的經驗，在整個合作的過程中，我負責曝光與形象包裝。而 Fish 就是站在台上的那個明星，由他跟大家分享他的故事，以及他的專業。

他的人格特質吸引到喜歡他的族群，同時也順利地開啟了他的線上事業。

之後因為時間運作的關係，我們兩個便沒有再合作。但是

他自己仍堅持在這條路上努力，也清楚知道要如何運作這種事業。

最終他創辦了網紅學院，指導學生如何透過拍攝 YouTube 影片，也發行了自己的書。

找其他專家合作，由你協助曝光與行銷，這就是所謂的導演模式。

如果你也想當導演，以下是我的秘方：

首先你需要在市場上尋找一位你喜歡的專家，與他合作，由他負責產品，你負責行銷。就像好萊塢大明星與導演的關係一樣。導演寫出了劇本，而演員憑藉著本身的專業演技，以及

觀眾緣吸引到了終極粉絲，最後大家一起協力完成一場完美的演出。

　　但是你要做導演模式前，建議先從研究員或是專家銷售自己的產品做起。因為如果連你自己掌握度最高的產品都賣不出去，那就不用考慮去銷售、行銷其他的產品了。

8 你隨時可以改變主意

實體公司的經營最難的就是改變經營的型態。

大多數人選擇進入一個行業創業，多半是在這行業正夯的時候進入，很多往往都是等到青蛙被煮熟了，才知道事情大條了。另外有些人選擇做吃的做為自己的創業事業，理由是民以食為天，人的一生離不開食衣住行。

基本上不管是很夯的行業，或是從人類基本需求切入，會成功都是因為在當時那個時刻有需求，很少一個行業可以不用轉換型態，持續以同一個樣貌出現在客戶面前。

世界會進步，客戶也會跟著成長，而客戶所面臨的問題也會隨時時間變遷而不一樣。即使是傳統小吃也一樣。隨著網路的普及，幾乎人人的手機都能上網，連吃東西的習慣都整個被打破，在網路時代下消費者喜好變得更多元、喜新奇、追流行，如果緊抓著傳統小吃不放，除非是夠知名的百年老店，其餘的店家頂多就是打平開銷或是小賺。

這時候要轉行營運也不對，因為原本投入的資金以及時間成本都很高，公司定位也很難一下子轉換，更何況要一個人放棄自己的心血這是最難的事，畢竟這可是經歷過一番努力，資金籌備才有今天的局面。但也往往因為這個理由，導致創業失

敗。

為什麼大家不敢變。

因為承諾一致性。大家希望自己的承諾是能做到前後一致的，這樣才不會產生矛盾，這是從小被教育的結果。因此就會有說到做到，以及永不放棄一說。

不是說信守承諾不對，你要看你許下承諾當時的情況，還是要考慮到因時制宜、因地制宜。因為事情永遠只會發生在當下這一刻，這件事在昨天是對的，到今天或許就是錯的。

幾年前黎智英正準備出售他的《蘋果日報》跟《壹週刊》，對外開價 150 億台幣，當時台灣的兩大家族紛紛都表示感興趣，結果最後是以不符合事業規劃而放棄這個併購案。

黎智英也沒有在媒體上攻擊對方不守信用，他只是說：「他們是台灣很大的家族，我相信他們做出這個決定是有他們的考量。」黎智英很清楚某件事情，在這一刻是對的，在下一刻就不見得是對的，重點是在當下這一刻，你做的決定對當下有沒有道理，所以他並不責怪他人，這也是他事業很成功的原因，也是很多成功人士比一般人成功的原因。

換句話說，如果你的服務沒有辦法隨著客戶改變，沒有關注世界發生了什麼變化，只知道埋頭苦幹，一心想把原本正在做的事情做到極致，最終免不了以失敗收場，因為方向已經不對了。

但是數位創業家完全沒有這個問題，因為我們在客戶心

目中的定位是問題解決專家，我們對自己的認知也是如此。所以當客戶出現問題，他就只是一個問題，我們提出相對應的方案來幫客戶解決問題，所以不會被定位成只是解決某個問題的專家、必須跟一個事業綁在一起直至終老或是這個事業結束為止。

剛開始進入這行創業的時候，我的想法是我想要教大家在網路上找到客戶的方法，以及如何把理論策略變成實戰策略。一開始我的目標客戶是想要透過網路找到客戶，並且賣出產品的人。

2013 年我發現，我更大的熱情在於教導人們跟我一樣能在網路上銷售知識，於是我毅然決然朝這方向去前進、去發展。

2015 年，我更致力於推廣知識變現。當時我發現一個問題，我們學的方法都是從國外來的，基本上很多策略根本無從驗證，因為沒有工具可以支援。於是在 2015 年年中我開始著手開發智慧交易系統，這解決了華人網路行銷技術需要被克服的部分。

2017 年，我開始推廣訂閱制，因為這是現在世界的主流，2018 年出版了第一本書，晉升為作家的身分，並且教導人們如何出書，如何把書賣出去。

你可以觀察到，我從一個網路行銷講師，變成教人們打造生活型態的講師、作家，同時還成為了一位平台商。這都是我

一開始不曾想到的事。

　　如果一開始我拘泥於當一名網路行銷講師，不斷地往這個領域鑽研下去，或許我也可以做得不錯，但是我就無法活出我要的人生。

　　所以，你必須跟著市場的腳步，以及你的內心走。因為世界是活的，是一直持續不斷在變化著，當你跟著一起變化、一起成長時，你的生意、你的事業就會生生不息了。

9 為什麼看起來沒計畫的人能賺大錢？

為什麼看起來沒什麼計畫的人，能賺大錢？

大多數人訂立目標，卻從來沒有實現，後來就再也不設定目標了。

為什麼？因為知道目標沒有效？

那麼為什麼沒有效呢？

因為大多數人把「意志力」跟「永不放棄」搞混了。

第一次聽到永不放棄是來自美國總統川普的故事，當時我的生活很慘，慘到我覺得路邊的流浪漢都比我過得好。我知道沒有人是因為放棄而成功的，所以我告訴自己要做到底，當時朋友看到我後，跟我說你的眼睛看起來矇矇的，好像人在這裡心不在，說真的當時我亂了陣腳。

在這種情況下，為什麼能堅持到最後呢？

因為我要過上更好的生活。我的父親很擔心我，每次在喝醉酒以後，就說出了心裡話，他擔心軟弱的我無法在社會上生存。

有天我喝著紅酒，但其實我是個不會喝酒的人。我發現在大陸的台灣人為什麼會買醉，一種是因為壓力太大想藉著酒精讓自己睡著，另一種是純粹的應酬玩樂。而我就是屬於前者。

當時喝著紅酒，聽著最喜歡的爵士樂，我流下眼淚，我下定決心，這輩子再也不愛吉他了。直到現在，我還是會偶而摸著吉他回憶過往。這曾經是我的最愛，但我已經失去了音樂的靈魂，我曾經試著想要找回跟過去一樣對音樂的熱愛，但是來不及了。

直到有天我看到旅遊生活頻道，我發現世界上還有另一個層次存在。

一名玩具商他的夢想是開戰鬥機，卻因為近視而當不了飛行員。後來他做了生意以後，就想著用自己賺的錢買下戰鬥機當戰利品。在那之前我以為有錢就是像爸爸一樣，有五台賓士，後來我才知道有私人飛機更不一樣。

當時我以買是私人飛機作為目標，這期間我跟很多人合作，結果一毛錢都沒賺到，當時我也沒跟合作方拿錢，我不喜歡當小弟，也不喜歡當員工的感覺。別誤會，不是說當員工不好，我是怕自己太安於現狀，所以我逼自己不能當員工。

如果要說工作，這輩子真正做過的工作就是大一暑假的時候曾經在游泳池開宣傳車打工，以及大學的時候當過吉他老師。如果問起我老闆是誰，對於這個問題我曾經認真思考過，那麼我想樂器行的老闆大概是我唯一承認的老闆。

為什麼要跟你說這些呢？

大多數人都是看到別人的生活突然改變了，有了美嬌娘，買了大房子，成為一家公司的老闆。於是自己才下定決心自己

也要做，希望可以透過做生意改變一切。

但是這過程不是沒成功，就是錯得很痛苦，最終放棄了。

因為他們是憑藉意志力去完成一切。

讓我們認清一個事實，什麼是意志力，意志力就是做著你不喜歡的事情，這違反了人性。因為人類總是被兩件事情所驅動，不管你相不相信，事實就是如此，「逃避痛苦」、「追求快樂」。

而意志力就是跟痛苦硬幹，試問這麼違反人性的事情怎麼可能成功。

通常遇到這情況，人們就會開始激勵自己，甚至激勵員工。但你會發現激勵是一時的，總是在激情過後就不見，說真的頂多就是兩個星期。

為什麼都是那些看起來沒有計畫的人，能賺大錢呢？

那麼該怎麼做才會成功呢

你還記得戰鬥機飛行員的故事嗎？

首先你要有一個歷歷在目的願景，你要感覺到它，看到它。

這時候，你幾乎不用做任何計畫，因為大腦會幫你鎖定目標，然後自動帶你達成目標。所以當你每天想著你的空中閣樓，你的大腦會不知不覺地幫你找到任何能夠幫你完成目標的機會。

這個時候機會才會是機會。換句話說，如果每天你都在想

機會好少喔，我好慘喔，那麼你就會發現經濟真的很不景氣，每個人都對你不好。

我從來不看報紙，我唯一的新聞來源大概就是狂新聞了，每天社會上發生的新聞確實值得關心，但是通常新聞都只是一個當下的事件，需要經過一段時間才會有開始跟結束。而且有趣的是熱門事件通常都是雷聲大雨點小。

所以如果真的要看新聞，我選擇每個月請朋友告訴我這個月都發生了什麼新聞，如果我想知道政治上的事情，那就搭一趟計程車，司機就會把他的不滿，這段時間所見所聞在短短的二十分鐘一次說給你聽，想想這是不是很划算呢？你不僅能省下每天憂國憂民的時間，還能讓你的大腦空出來，用來運作更有意義的事情。

其次，你要小心的是新的機會。

人的一生中，會有很多的機會出現，看起來都很棒，我常聽到學生跟我說：「Marc 老師，我要做這個投資，這看起來似乎很賺錢。」

通常我也不會加以批評，因為我不想去阻斷一個人的夢想，畢竟這是你的人生，你要自己去開創？自己去體驗、去冒險，不是嗎？

但是這些學生從來都不會成功，因為他看到的是眼前的全新機會。不是把目前正在做的堅持到底，做出成績，哪怕是一點點成績都好，所以遇到困難的時候，就會逃避退出，直到看

見下一個機會出現的時候，又進入那個市場。

承認吧！沒有人想當永遠的菜鳥，但是這個行為會讓你成為永遠的菜鳥。

如果你要賺到錢，你就必須要在一個市場上成為老鳥，直到你賺到錢為止。即使這時候出現更大的賺錢機會，你還是要堅持下去。也唯有如此，你說的話才會有人肯學習。

接下來，我們來學習你如何透過簡單的三步驟讓自己美夢成真。

✒ 步驟一：把你真正想要的是什麼寫下來

寫出裡面的每一個細節。當你的目標達成後，身邊的人怎麼看你，你擁有了什麼東西，你會用什麼眼光來看待身邊的事物，你如何做決定等……。

如果你還是不知道你要什麼，那麼你可以試著做這個奇蹟練習。

假設某天晚上，奇蹟降臨到你身上，你的願望全部都實現了，隔天醒來你沒發現奇蹟降臨，還以為什麼事都如往常一樣。

請在這個前提下，問問自己以下四個問題：

a. 你會因為發現什麼事，而發現奇蹟降臨了？

（例如：房子的大小改變了）

b. 奇蹟發生時，你會採取什麼和平常不一樣的行動？

（例如：跟家人一起吃早餐）

c. 你的家人或同事，會怎麼對你？

（仔細：觀察對方的言行舉止）

d. 奇蹟的一天和平常的一天相比有什麼不同呢？

請把這些細節全部都描繪出來，並且將它全部如實地寫在紙上，這就是你內心真正渴望的東西。這就是你的人生願景，所以每當有機會出現時，如果他不能夠滿足你的願景，直接捨棄即可。而遇到困難挫折時，你知道若是這件事完成後，你的人生拼圖就會更完整，你就會更堅持下去了。

現在你有願景了，你也知道如何判斷眼前的機會是否能協助你完成夢想。

✒️ 步驟二：給自己一個做這件事的理由

你可以說這是使命感。

什麼是使命感呢？非你不可。

當時為什麼我願意跟著父親在大陸發展呢？

因為我覺得他需要我的幫忙，需要一個可以相信的人，我認為我的邏輯理解能力可以完全能幫助到他，而且我是那個100%唯一一個不會騙他的人。

這期間我們當然免不了會吵架，但不管如何到最後，我還是會幫他。

步驟三：就是創造一個習慣

簡單的事情重複做。

例如做生意，只要專注於三件事——

⭐ 創造新客戶

⭐ 跟客戶建立關係

⭐ 做出更多可以滿足客戶需求的新產品

你的事業（任何事情）只要能夠滿足這三個條件，那麼你的人生就會因此而改變。

理賠達人黃豐造

　　我是理賠達人黃豐造，我的專業是：客戶發生車禍時破解保險公司不賠的技巧，提供最佳的賠償方案。我的網站是：http://fengtsao.shop2000.com.tw/

　　網路是未來的趨勢現在已經很清楚明確了，但在泡沫化之後我總是半信半疑地去學習與了解，花了很多的冤枉錢得到的都是一些理論及暗黑的手法，效果自然一直都不好，不禁懷疑自己是不是還要繼續花下去時⋯⋯.

　　Marc 老師的影片出現了！天啊！ 我花了幾十萬的課程內容，他居然⋯⋯免費送！

　　從 Marc 老師的手把手行銷開始，老師的思考角度及行銷的手法，跟業界的網路行銷老師就是不同！

　　Marc 老師讓我瞭解了網路行銷最終離不開「人性」，最有效的心法：就是一開始就提供對客戶有用的價值，建立信任感，建立客戶眼中的專家形象，Marc 老師把我一直做不好的關鍵因素明確點出來時 ，徹底改變了我思維的方向。立即就收到客戶的回

應：「我現在就是你説的那樣……我需要你的幫忙……」

　　Marc 老師的實務經驗是最有價值的投資，網路上太多的課程與資訊，我沒時間和金錢去一一試驗是否可行，因為 Marc 老師所教的都是他自己試過、確認在華人市場可行的方法，讓我省下許多摸索的時間與金錢。

　　如果你跟我之前一樣對網路行銷沒有一個方向，也不知道問題出在哪裡？跟著 Marc 老師會讓你有種……「原來是這樣喔」的感覺，對我而言～ Marc 老師的課程就是划算！！

Google 推薦第一名的行銷顧問李健豪

在知識變現領域上，Marc 老師是我想要快速跟上的一個模範！也期待未來有機會和老師一起合作。

Marc 老師的課程，打開了我對於知識產業的全新視野，讓我迫不及待地去實現自己的夢想。

多年前，我曾追隨世界第一的行銷大師傑・亞伯拉罕，學習到了世界第一的行銷策略。以致於在我的行銷生涯當中，我得以運用所學，協助超過四十多種不同的產業，創造千萬美金以上的營收。這是我的第一個大的成功。

近年來，隨著科技、網路的發達，「知識變現」已經成為了顧問產業、專業人士的又一個新的利基市場。而 Marc 老師是台灣知識變現的先驅。我建議任何一位知識工作者、專業人士，都應該和他學習。而且越早學習越好。

成功不變的守則是：與其自己慢慢摸索，不如找到已經達成我想要的目標的成功者，和他學習、複製成功。這就是成功最快

的方式。

　　簡單一句話「這邊有寶藏，快來挖！」

現職：《大紀元時報》數位行銷部經理、新唐人亞太電視行銷顧問、創富教育顧問有限公司行銷顧問、立竹教育顧問公司行銷顧問

網路影音著作：《國際行銷降龍十八掌》、《老客戶三十六笑》

網站：http://globalmarketing8.com/introduction/

課程紀實：https://www.facebook.com/notes/1034299726624820

Chapter 3

開發，但是不生產產品

Digipreneur

1 客戶告訴你的不一定是真的

　　如果客戶告訴你他有什麼問題，他想買什麼產品。如果你照著他的需求去做，你一定會失望。

　　因為用這方法做出來的產品，客戶通常都不會買單。

　　這是因為客戶告訴你的問題，實際上都不是問題，那些都只是客戶的症狀而已。主要是因為客戶不知道真正的問題是什麼。

　　客戶在知道自己的需求前會經歷以下五個階段：

1 不知道自己有問題

2 他知道自己有問題，但不知道問題是什麼

3 他知道自己有問題，不知道解決方案在哪裡

4 他知道解決方案在哪裡，不知道哪一個才是適合他的

5 他知道你能夠幫助他，但不知道你的方案是否適合他

　　大多數的客戶都落在階段一及階段二，尤其是二。如果你試圖用客戶提出來的問題，來製作產品你一定會大失所望。因為他根本不知道自己有問題，或是知道自己有問題，但不知道問題是什麼。

　　假設你是一名駕訓班教練，開車對你來說是極度簡單的

事，你認為理所當然的事，但對一位剛要學開車的人卻是很難的一件事。他可能認為，要學會開車應該要先懂得車子的結構，了解引擎怎麼運作才能學會開車，就這樣過了兩年他還是沒辦法開車上路。因為他不知道製造車子跟開車是兩件不同的事，他搞錯重點了，所以永遠學不會開車。

兩年過後，他終於學會如何讓引擎運轉，卻也同時發現學這些理論並不能讓車子前進，他才明白自己學開車的方法錯了，但是他不知道問題出在哪裡？

實際上這名想學開車的人應該做的是先了解離合器、煞車在哪裡，手煞車在哪裡，他才有可能讓車子順利前進，接著再開始學習煞車，爬坡起步等技巧。

所以，你如果貿然聽信客戶自以為的問題來製作產品，卻沒有再深入去瞭解客戶真正想要的結果是什麼，以及他無法達到結果的問題是什麼，那麼你製作出來的產品，客戶是永遠不會買單的，因為你們活在平行宇宙，永遠沒有交集。

換句話說你要進入任何一個市場前，一定要使盡全力找出客戶真正的問題。

就像這本書從構思到出現，還有我過去設計的任何課程，全部都是依照接下來這個流程設計出來，才有辦法變成客戶想要的產品，並且讓客戶得到他想要的結果。

2 當客戶肚子裡的蛔蟲

　　知道客戶問題最快的方法就是做一份問卷調查，但是問卷調查可不是你去餐廳常看到的那種，你從哪裡知道我們的，你對這次用餐的滿意度為何？下次你還會再來嗎？

　　知道這些很棒，但是卻無法得知客戶他的狀況是什麼？我們要知道客戶不知道什麼？以及他想達到的結果是什麼？這樣就才能製作出客戶想要的產品，讓產品在不需要銷售的情況下客戶就想買、想要擁有。

　　客戶的問題分成兩種——

　⭐ 內在問題？

　⭐ 外在問題？

　　大多數人製作的解決方案與產品著重於外在問題，通常這可能可以解決表面的問題，可是客戶會感到不滿足與空虛，尤其在我們這行更是如此。此時如果出現一個人能夠同時解決客戶外在與內在問題的產品，那麼客戶就會投向這個人的懷抱。

　　那麼該怎麼找到客戶的這兩種問題呢？

　　所以我們主要要問客戶以下七個問題，當然每個問題都有背後的原因。

1 在做「這個主題（你要做的領域）」時，遇到最大的挫折是什麼？

透過這個問題，你可以知道誰讓客戶感到精疲力盡，誰不停地攻擊客戶，他遇到了什麼？

2 你今年試圖達成什麼效果，如果沒有達成會發生什麼事？

這會讓你知道客戶的急迫性。

3 你認為你今年學會了什麼方法，可讓你的生意或快樂多一倍。

很顯然的，這是你可以做的產品之一。如果還可以結合其他問題，那麼就會創造出完美產品。

4 做「主題，這件事」時，你最討厭聽到什麼？

這讓你知道誰在攻擊客戶，以及客戶需要被了解的情緒是什麼？

5 在學習「這個主題」時，你最大的困惑是什麼？

這可以用在行銷訊息，並且在介紹產品的時候，告訴客戶你的產品提供的好處，將不會讓他產生這些困惑。

6 你採取什麼方法來改善結果，但是無效

這幫助你知道客戶過去學習過什麼，以及自己嘗試過什麼做法。透過這個可以跟客戶溝通，你知道什麼沒有效，這讓他產生挫折，並且清楚地讓客戶知道，過去你或者是你的客戶也有一樣的困擾，你的解決方案是什麼？

透過以上這七個問題的溝通，客戶會覺得你很了解他，是可信賴的人。

如果你手頭上沒有客戶可以告訴你以上問題的答案，你可以到論壇、知識家，甚至是相關的社團觀察。你會發現，人們問的問題幾乎是一樣的，抱怨的問題也都是一樣的。但是你必須把客戶抱怨的內容分別用上述的方法整理出來。

只要你完成以上的問題，基本上你已經完成真的可以賣出產品的文案了，我一向倡導文案不是用寫的，是把客戶的話說回去給他聽，就是這個意思。至於怎麼把這些訊息應用成文案呢？後文將會在第四章有詳細介紹。

現在請把你該完成的工作完成即可。

注意，這個階段的工作若沒有完成，東西可是賣不出去的。

3 找出問題背後真正的問題

　　當你聽到客戶的問題後，下一步要做的就是找出真正的問題。因為客戶告訴你的通常只是症狀，並不是真正的問題所在。

　　以下舉例來說明，我的學生告訴我，他到現在還沒有成功是因為——

- ⭐ 不會攝錄影片
- ⭐ 不會買廣告
- ⭐ 廣告太貴了
- ⭐ 不會設計圖片
- ⭐ 沒有錢
- ⭐ 太多技術
- ⭐ 太多方法
- ⭐ 沒有名單
- ⭐ 不懂技術
- ⭐ 學了一堆都沒用
- ⭐ 不會寫文案
- ⭐ 不會做網站

但其實以上這些都只是症狀，並不是真正的問題。

所以當你把這些症狀整理後，請畫出以下的表格，並且把症狀歸類。現在我們把剛剛的症狀歸類後如下：

症狀	真正的問題	解決方法
1. 太多技術 2. 太多課程要學 3. 每件事都想做 4. 對自己沒信心，不相信自己能辦到		

當你對某件事很有研究後，你一定會知道這些症狀背後真正的問題是什麼。如果你不是專家只是主持人，那就請你認識的專家把真正的問題告訴你即可。

4 設計你的獨特賣點

　　現在你知道客戶背後真正的問題了，因為你對這件事很有研究，或是你認識的專家很有研究。下一個步驟就是把你的獨特解決方法寫出來。

　　像剛剛的這個例子，我的獨特解決方案如下：

症狀	真正的問題	解決方法
1. 太多技術 2. 太多課程要學 3. 每件事都想做 4. 對自己沒信心，不相信自己能辦到	不知道正確的流程	1. 網路行銷實戰 2. 架站的技術 3. 買廣告的方法 4. 名單蒐集的技術

　　所以如果你的客戶跟你說，市面上有好多技術要學習，同時也有好多課程要學習，被搞混了不知道該如何是好。此時你就可以告訴他，我有一個創業法，只要四個步驟可以解決你的問題喔。

　　因為這四個步驟，是根據你的經驗所設計出來的，並且是針對客戶的問題所設計，所以我會把這個稱為獨特賣點。我不清楚這跟市面上的獨特賣點定義有沒有一樣。

　　但我可以肯定，這絕對能夠吸引客戶來買你的產品，因為在這個情況下，你懂客戶的問題，而你是用你獨門的解決方案來協助客戶解決問題，在客戶眼中這絕對夠獨特。

　　這就是我們設計出能夠賣出產品對特賣點的方法。

　　當然了，這樣聽起來似乎不炫對吧！

　　這時候我們可以把它美化一下。

　　公式如下：

　　我幫助你 ＿＿＿＿＿＿（達到什麼特定結果）＿＿＿＿＿＿（在多少時間內），而不用做 ＿＿＿＿＿（客戶討厭的事）。

　　例如：我協助你在七天內設計出一套網路行銷流程，不用學習更多的技術，即使你現在什麼技術都不會也可以辦到。

　　這樣聽起來就是很獨門的一個方法了呢？

5 發想你的產品線

　　很多人進入這行後，都會萌生這樣的煩惱：我只會一種東西，教完了怎麼辦？

　　實際上會有這個困擾，就表示你從來不知道你的客戶是誰，也不知道他們的問題是什麼？所以會對於產品的產生感到困擾。

　　而且我遇到更多學生的困擾是，如何構思有價值的內容。

　　因為他們都會擔心，如果這個內容不是最好的，客戶批評我怎麼辦，我豈不是就成了騙子。

　　基本上人們在乎的不是你是誰，他們在乎的是你能不能幫我解決問題，為什麼我要相信你，下一步要怎麼做。人們追求的是成長，不是變化，因為人隨時都在變化。不信你可以看看你十年前的照片，跟今天的差異。

　　你會發現，你隨時都在變化。所以你如果試圖讓一個人改變，或許會打動他的心，但是實際上他要的是成長。如果你給出的東西不能夠讓對方覺得有所成長，那麼你的產品對客戶來說價值就不高。

　　所以要給就給最好的！

　　這時候你只要問自己一個問題：如果錢對客戶來說不是問

題，我要帶領客戶到什麼境界，我想怎麼做？

如果是我，我會說：我希望幫客戶親手打造行銷活動、個人品牌、建立名單、協助他與客戶建立關係，並且建立網站。客戶要聘請我的時候依照不同產業別而定。基本上我會收 500 萬的啟動費，外加未來事業獲利的 50%。

因為如果我要幫客戶做這件事，我會把我的時間都投資進去，並且對我來說要賺到 500 萬，我只要創造出一個產品頂多銷售三個月就可以辦到，而且這個產品未來還可以不斷地銷售。

既然自己可以辦到如此，何必花時間幫別人打造一個未來跟自己無關的事業呢？而且幫別人打造的時候，通常對方在這方面沒有任何的經驗，所以我必須要投資更多的時間與精力在這件事上，所以對我來說工作量以及壓力都會倍增。但這絕對是我幫助客戶最好的方法。

很顯然地，這個方法不是所有人都負擔得起，所以我會往回推出其他較入門的產品。

用麥當勞點餐來比喻你就更容易理解。

當你要點一個麥克雞全餐的時候，滿足感是最強烈的，要漢堡有漢堡，要可樂有可樂，同時還會有薯條。如果覺得份量不夠還可以把薯條加大，可樂加大，甚至可以用 20 元加點麥克雞塊，還有蘋果派。

其實這些份量變大、加點的東西，就是麥當勞麥克雞的終

極產品樣貌。只是它把所有品項拆解開來，變成可以單點麥克雞漢堡，或是可以加 49 元變套餐。而且通常當你點套餐的時候，店員便問你薯條要不要加大，不管你要不要，他都會問你可樂要不要加大。最後還會問你要不要加購蘋果派。

我不知道你的產品是什麼，但是只要你能運用這個邏輯，就可以把最終產品設計出來。接著再把它拆解成——

⭐ **入門產品**

⭐ **基本產品**

⭐ **核心產品**

⭐ **進階產品**

⭐ **訂閱產品**

基本上就是一個完整的產品線了。

6 產品的種類

在你發想完產品線後，下一個動作就是決定你的產品要呈現在客戶前的樣子。

產品呈現的種類有很多，這關乎你想要的生活型態、價格，以及對手的產品型態。如果你跟我一樣，認為網路時代一切事情都盡可能透過網路完成，那麼很明顯的實體產品就不會是一個選項。這裡的實體產品包含實體活動，還有實體寄送產品。

另外當價格越高的時候，產品呈現的種類可能就越多，這樣會讓客戶產生新鮮感。

最後要考慮的是對手產品型態，因為我們不僅僅是希望讓客戶在解決方案上得到跟對手不一樣的產品，更希望能帶給客戶新鮮感，所以在產品呈現的形態上也希望有所不同。如對手的課程都是線上課程，那麼你可以提供線上直播，甚至可以把直播檔案變成 PDF，以及 MP3 檔案。

最後，關於產品呈現型態你所需要知道的是，客戶主要分成三種：聽覺型、視覺型、觸覺型。聽覺型的客戶，喜歡用聽的，對於看和讀都不在行。視覺型的喜歡看多過於聽和讀。觸覺型的客戶就喜歡把資料拿在手上細細品味，對他們來說透過

紙本閱讀獲得成果的效率高過於聽和看。

最後，你要考慮的是這個產品價格是多少？

如果價格越高，或許你就需要提供越多的產品種類。但是請記住這沒有對錯，因為我們的宗旨是**打造屬於你生活型態的事業**，不是為了客戶而活。現在我告訴你的是所有需要考量的因素。但是如果你發現某些地方做起來即使價格再高你也不開心，那就別做吧！

重點是！別讓自己不開心

最好的情況是：客戶開心，你也開心

常見的產品呈現

常見的四種產品呈現種類，以及用途如下：

這裡的產品可以是你自己製作，也可以是別人提供。我會分別從小產品介紹到大產品，這是和上一個小節發想你的產品線做對照。

種類 1：跳樓大拍賣

- ✪ 低於台幣 1000 元，用來搜集客戶名單用
- ✪ 目的是盡可能地快速產生的第一個銷售與信任感，以及建立熟悉感。並且幫客戶得到一些結果
- ✪ 同時也用來打平廣告費用
- ✪ 重點是給你機會做向上銷售
- ✪ 有人用，有人不用這方法

⭐ 這是從中產品拆解出來的一個小產品

⭐ 常見的形式為電子書，或是實體書

種類 2：大部分人網站的主產品

⭐ 主產品可以只有一個或是多個

⭐ 台幣 1000~15000 元

⭐ 多媒體種類產品老派：CD DVD 實體寄送 VS 現代派：Videos、Mp3、PDF

⭐ 特色：幫助客戶達成特定結果

⭐ 從主產品拆解出來的一個中產品

⭐ 讓人下載影片也沒關係，即使不鎖碼也還好！因為大部分的人很好，如果是想要存心看而不買的人，不管你保護得再好，他也會佔你便宜。

⭐ 即使你賣的產品 YouTube 可以找到很多免費的資料，人們還是會跟你買，為什麼？因為人們想省下找資料的時間，是為了效率而買。

種類 3：骨幹產品

⭐ 每週開放一個單元的課程

⭐ 台幣 15000 ～ 120000 元

⭐ 多媒體種類產品

⭐ 100% 線上課程，並且一週開放一個模組。依時間開放，

這是被用來避免客戶被太多訊息搞混

✪ 課程的目標是協助客戶達到一個很特定的結果

✪ 有會員網站保護

✪ 真正獲利的來源

✪ 你可以只有一個骨幹產品，或是多個骨幹產品

種類 4：滿漢全席

✪ 台幣 120000 ～ 300000 元

✪ 產品的作者，書的作者跟你互動

✪ 可以是體驗型產品，如：到斐濟過火，到遊艇上學行銷

✪ 團體腦力激盪課程（同學以此交流最新心得與方法，彼此
　支援）

✪ 團體教練

✪ 顧問

✪ 互動式骨幹產品（每週一次線上團體教練，為客戶直接解
　決問題）

種類 5：訂閱制

✪ 台幣 300 ～ 15000 元 / 每月

✪ 會員網站

✪ 實體每個月寄東西（寄信件，或是寄課程）

討論了這麼多產品，基本上你只要有一個產品就可以生存，有太多的案例可以證明這點。當然你也可以擁有各種價格的產品，或是跟 Jeff Walker 一樣只賣骨幹產品。

註：Jeff Walker 是 Product Launch 的發明者，我第一次網路銷售達到 300 萬，就是學習他的方法。

7 為你的產品訂個價

大家最煩惱的就是定價。讀完本文，放心，你一定會豁然開朗。

對於定價要從三個角度考慮——

✒ 參考市場上同行的價格

如果你競爭對手的廣告持續出現，還有在市場上持續推廣這個產品，這代表這個價格賣得動。

當然你的產品是要跟對手不多等級的做比較定價。你不可能拿骨幹產品，把它定成跳樓大拍賣的價格。否則你會因賺不到利潤而不開心，產品可能會做得亂七八糟。

✒ 用客戶使用後，可以獲得的價值作為定價基準

例如你的產品是指導客戶如何透過網路開發一個新客戶。如果通常要自己透過網路開發一個客戶需要花費的成本是 5 萬台幣，但是學會你這個方法以後，有機會自己找到一個客戶，而且未來也可以持續找到客戶。

那麼此時只要價格比客戶自己開發的 5 萬便宜一點點，就是一個好價格。客戶很聰明的，他們心裡都會有一把尺。

客戶實際使用到你的時間

每個人的時間有限，不管你願不願意，時間都一直在流逝。因此請記住，所有的東西都可以打折，唯獨跟你面對面的時間不能打折。

如果跟你面對面的時間都可以打折，那麼客戶會覺得你並不重視他，即使他嘴巴不說，他潛意識也會這麼想。

所以如果你的課程裡面，有一對一跟客戶見面，或者是極少人跟你見面，那麼必須是最高價的，理由顯而易見，你把最寶貴的時間拿來貢獻給客戶了。

這也就是為什麼上一個小節，滿漢全席的價格會這麼貴了。

當你在為產品訂價的時候，只要從以上這三個角度切入，並且參考上一個小節，就能輕易訂出一個客戶願意購買，而且看起來又有吸引力的價格。（請注意這裡說的是有價值，不是便宜的價格喔！）

8 沒有特定商品可銷售，怎麼辦？

沒有產品怎麼辦？

我遇過很多學生想要創業，他們不停地學習新的銷售手法，卻從來沒有成功過。原因不是出在資金，因為當你對一個東西極度想要，而且你發現這個東西就是你渴望許久的事業機會時，拼了命也會把錢生出來。

那麼問題到底出在哪裡呢？

問題出在沒有產品！

你要知道，如果你想要透過創業賺錢，就一定要有一個產品或是一個服務提供給客戶，而客戶覺得使用你的產品或服務後，可以改善現狀或是解決一個難題，才會用金錢或等值的（你能接受的）東西來與你交換，這樣你才有可能賺到錢。

但基本上產品也不是多大的問題，因為你只需要找到聯盟行銷的產品（別人生產產品，你幫忙銷售），並且透過推廣它來賺錢即可。

因此很多老師都會教學生在沒有產品前，先推廣老師的產品。很多人認為幫老師推廣產品是不對的，因為自己沒有產品。如果你沒有看過這本書之前，或許這個理論令人難以接受。但是現在你看了這本書，也寫了作業找出自己的人生夢

想，你應該已經很清楚，你要打造的生活形式是什麼樣子，現在應該不會掙扎產品是誰的這種奇怪的問題了。

更何況，創業是為了達成自己的夢想，讓自己過上更好的生活，絕對不是證明自己比別人厲害，請務必把這件事牢記在心，才不會往死胡同裡鑽。

當然了，這些都不是真正的原因。產品做就有了，為什麼會沒有產品呢？

其實大多數人擔心的是，如果我做錯了怎麼辦？我的產品沒有人要買怎麼辦？這樣會白做工，我的時間就被浪費了。

所以為了解決這個問題，我設計了一套流程，這個方法是別人付錢給你做產品，你可以很肯定地知道你的產品有沒有人要，絕對不會做白工。這也是你絕對不會失敗的方法。

只是這不是這個章節的重點，你將會在第四章學到它。在這章你只要先設計出你的產品線就夠了，你發現了嗎？這個章節的主旨是開發你的產品線，但是我沒有把重點放在生產，原因就在這裡。

當你確定有人會為你的產品付錢時，再生產，這就是我們的鐵則。

9 電子書還能賣錢嗎？

　　問題不是在於產品的格式，而是在於你的產品能不能解決客戶的問題。

　　如果你能讓客戶看見一個新的機會可以為他帶來更棒的結果，那麼客戶就會從他的皮夾裡把錢掏出來。

　　有時候我會買白皮書，其實它就是一份 PDF 檔案，只是被框架成白皮書，這會給人感覺是一種重要的訊息，要好好珍惜。因為是買到的，所以我會小心翼翼地保護它。而且因為這是我自己下決定購買的，所以對這份資料會更格外重視。

　　為什麼會這樣？

　　因為人有個很重要的特點，總愛證明自己是對的。

　　因此當我們做了一個決定後，如果有人直接告訴你你錯了，即使這是真的，通常會正面承認這個錯誤的人少之又少。

　　很多人不了解這個原理，所以他們永遠搞不清楚一個完整的產品包含了三個部分：

⭐ 產品本身：外在問題

⭐ 客戶心理：內在問題

⭐ 提案：是否讓客戶無法拒絕

　　大多數人會把注意力放在產品本身，所以會習慣性地說，

我們公司有多棒，有多少的資產，有多少年的歷史，我們老闆多偉大。

通常你這麼說的時候，是為了強大自己的信心，因為本質上人性本善，沒有人想當壞人。同時也因為會這麼說的公司多半不是品牌公司，所以第一線的業務員都會用這個方式跟客戶介紹。

這個時候運氣好的話，遇到態度好的客人會靜靜地聽你說完，最後婉拒。好心一點的會友情捧場，當然大多數的情況下，都是拒絕你的。因此市面上就出現了很多的教戰守則。

這些策略都是告訴你，你被拒絕的次數，等於你成功的次數，聽話照做就對了。但是我是一個極度害怕銷售的人，所以我連聽話照做都辦不到，當然也不可能被拒絕了。

也因為面對陌生人銷售這件事讓我無法突破，我才想到可以用本書跟你分享的這個方法。

在商業世界分成兩種人——

⭐ **一種是傳統派，每天無止盡地轟炸你，逼你買**

⭐ **一種是害怕銷售派，因此不知不覺都學會了行銷**

所以，我學會行銷是因為我害怕銷售，這真是一個不光彩的理由啊。

說到底，行銷跟銷售哪裡不一樣呢？

行銷是透過一個系統，有策略地吸引對你的產品服務感興趣的人，讓他們自動地出現在你面前。因為客戶是主動表示

對你的產品感到興趣，就像你去看醫生一樣，因為是你去找他的，你就會自動將醫生視為專家，只要是能夠幫助你解決當下的病情，只要不是太不合理的要求通常人們都會把事情交給專業處理不是嗎？

行銷就是這個道理，讓客戶放心地把問題交給你處理，然後你收取適當的費用作為回饋。

當然要讓客戶找你需要特定的策略，不可能靠你說得天花亂墜就可以得到長期客戶。這需要實際的策略，這在第四章你會學到。

基本上現在你需要知道，這是一個框架的問題，只要你運用正確的框架運作，你就會讓對你的產品服務感到興趣的客戶自動找上你。

市面上的廣告，跟我們的做法在於他們的做法多半偏於形象廣告，這種方法需要很大的資金，通常也有一定的效果，但這是有很大資本的公司才玩得起的遊戲。

至於中小企業，剛起步的創業家，想要精打細算在創造市場形象的同時，還能獲得真正的買家，使用這本書你學到的方法就可以幫你辦到，即使是實體商品也不例外喔。畢竟行銷就是行銷，沒有線上線下，實體虛擬之分。

所以回到我們的問題，電子書能不能賣錢？！

絕對能，只要你的客戶問題夠獨特，幾乎沒有人可以解決，但是只有你能幫他解決，那麼你想賣多貴都可以。

10 被盜版怎麼辦？

　　你要知道會偷東西的人就是小偷，會買的人就是會買，即使你的東西有盜版流出，還是會有人買正版。

　　「盜版問題」這是我見過最有趣，也是導致許多人在這個領域從沒有賺到錢，甚至沒有真正開始的原因。

　　我在 2011 年產品發售後轟動整個網路行銷市場，不到兩個月的期間，就有人在市面上攻擊我，說要用一折的價格販售我的產品。當時我很生氣，也很著急，甚至寫信問了我國外的老師，這該怎麼處理。

　　通常這些人的做法是，用假名字到國外買一台虛擬主機，規避台灣的法律。而我們所能做的就是，把任何能夠證明這是你知識產品的東西上傳給平台方。所以我提供了一堆的資料給主機商，還有 YouTube。這一來一往的過程花了我三個月的時間，當時我每天在驚恐中度過，因為我很擔心，我的生意會因此一蹶不振。

　　後來我發現事情不是這樣的，在 2012 年的 4 月，我第二次銷售我的產品，沒想到營業額還是有 100 萬以上。那時我才理解到，會想要買正版的人，永遠都會買正版，因為正版裡面多了「服務」。

或許你會覺得「服務」沒有什麼了不起，但是如果你的客戶是一名認真的人，他想要在某個領域取得真正的成長，那麼他就會試圖執行某些事，這過程一定會遇到一些問題，所以他們會需要你的服務。

　　這些聰明的客戶十分清楚誰可以幫助他，因此即使市面上有盜版出現，他們還是會支持正版。

　　而有趣的是，當時還有學生寫信跟我說，Marc 老師買你的課程都好幾個月了，到現在都還沒有時間看，但我完全不會想要退費，因為你給我一種很值得信賴的感覺。

　　讓我們來看看一個事實，2000 年那時盜版 CD 與軟體猖獗，你在任何一個夜市隨時都可以買到所有歌手的 Mp3 大合集。而與目前不同的是，現在的明星不在乎他演唱會的影片被分享，也不在乎他的影片被盜用。因為他們知道現在整個市場的趨勢在於演唱會。這是因為人們在過度使用電子產品後，還是想找回面對面的溫度。

　　而且這些被盜版嚴重的藝人，反而因為最受歡迎、人氣最旺，而被電視台找去當歌唱比賽的導師，當產品代言人，甚至開全球巡迴演唱會。所以盜版就是一個很見仁見智的問題。

　　反觀那些一直宣傳反盜版的人，通常是擔心他們的心血被偷用了，然而這些人都是那些唱片、CD 賣得不是很好的明星。

　　請別誤會，我不是要提倡支持盜版。我只是想讓你明白

一個事實，會被盜版的產品通常是因為銷量好、品質好，所以才會有人想要。所以你應該開心，你早在市場上先一步旗開得勝。

2012 ～ 2014 年間，我有好幾次處理盜版的問題。當時真的很頭痛，光是跟國外的主機商，YouTube、Google 提供證據就耗費掉我很多的時間和心力。

在你認真讀完本書後，內容創造應該不會是你的大問題。因為在這個行業能夠獲得勝利的都是思想領導者，也就是所謂的發聲者，當你把這本書的方法徹底應用後，在你專長的特定領域你也會變成思想領導者。

什麼是所謂的思想領導者呢？你擁有自己的見解，你有自己的主張，你堅定自己的立場，因此你會有追隨者。

當然了，產品你可以自己生產或別人創造都可以，就像賈伯斯設計發想出 iPhone，但裡面主機板絕對不會是他製造的，這是一樣的道理。

更何況，你也深刻明白一個賺錢的生意是透過持續不斷為客戶解決問題而來，只要地球在轉，你的客戶每天都會有新問題發生。在本章你也學會了這種創造產品的方法。

所以遇到這問題時，首先你應該感到開心，這代表很多人需要你的產品。當然該跟相關單位反應的就反應，然後繼續前進！

繼續碾壓你的對手！

解憂魔術師林弘祥

　　我是林弘祥（Thomas），是作家、講師、魔術師。專長是歡樂表演、美化房地產、網路 SEO 行銷，財商魔法 Club 網站 ▶http://www.6newrich.com 。

　　透過 Marc 老師的方法，一小時的房地產理財分享會，營業額突破了六位數。本來分享會要講二～三小時，才達到營業額破六位數，經過 Marc 老師修改建議後，一小時就能達到同樣效果，真的輕鬆許多。

　　2018 年的春日夜晚，在夢中得到 Jesus 指示，希望 Thomas 出一本理財書、利益眾生……於是我在清晨五點起床，花一小時寫下新書大綱──所以應該會是很有快樂朝氣的一本書，為了寫一本能真的幫到大家的理財書，後來遂有了舉辦分享會的念頭！

　　本來只是單純辦理財分享會，意外得到許多聽眾肯定。甚至又有聽眾們說想跟小弟學房地產，於是我又設計一系列房地產課程服務聽眾。

　　感覺神是希望我快速行動、利益眾生、幫助更多人……，叫

我不要賴床，我也樂於聽命。

　　遂開啟後來一路每天四點起床、常常為靈感廢寢忘食的生活……。

　　再後來，奇蹟般地成功開課，學生和小幫手們越來越多，得以順利寫 Blog、連結人脈、推廣理財教育，也剛好報名 Marc 老師的課程，在老師協助下，善用減法藝術，後來的分享會輕鬆許多，對未來開課方向，也有了更明確的指引，相當感謝！

　　相信老師的新書一定會對你正在做、或想做的事業，有所幫助，也期望和 Marc 老師一樣輕鬆利益眾生、十倍收入，同時發揮天命、共同打造人間天堂！

Chapter 4

試水溫，先收錢再說

Digipreneur

1 創業失敗的原因

　　如果你試著在網路上查詢創業成功率，看到結果後可能會嚇得你再也不敢創業。

　　「現在年輕人因低薪問題多選擇創業，但一年內倒閉者高達九成，5 年內創業失敗者更是高達 99％」

　　但是如果你仔細詢問提供這個數據的人，這些創業者指的是有付諸行動做出一個產品並且有在市場上銷售。還是只是辭職準備創業呢？或是創業了，卻沒在做生意呢？

　　因為我不是調查人員，所以並不清楚調整背後的真實情況。

　　但我可以就我的領域讓你知道，大多數人創業失敗的原因。至少我很清楚這些失敗都是不必要的。希望把我的觀察跟你分享後，你就可以避免犯這種沒有必要的錯。

　　大多數人辭職創業，或是有創業的念頭時，都會不斷地開始尋找產品。少部分人很幸運，他會跟人一起合夥，如果這個合夥人是行動派的，那麼他就有機會真正開始做生意。

　　但是大多數人，在發起創業這個念頭時，通常都是因為心中有美妙想法，或是看到市場上有人銷售某個產品大賺錢，所以想透過創業實現他想要的，無論那是什麼。

　　通常這些人在設計產品的時候，都會很開心。因為他們只

要想到他們的創業夢想要實現了，生命一切將會不一樣了。因為他們知道，這個產品比市面上的競爭對手好。產品面市的時候一定會大受歡迎。

但是這些人都有一個共同的習慣，在每次產品設計完成後，他們總是希望改良某方面的缺點，希望他的寶貝是市面上最好的產品。但是如你所知，世界上永遠沒有完美的東西，所以這些人就這樣陷入無休止地完善產品階段，像個死亡地獄循環。

每當有朋友問起時，他們就會說：現在還在開發中，我們發現了一些問題，等修正完畢後就會推出，到時候定會是一記全壘打。」然後跟朋友聚餐時，總是不斷地談論自己的完美產品，並且對於自己的未來侃侃而談，彷彿世界已經握在他的手中。

讓我們來面對一個事實，世界上沒有一件東西是完美的。就像你試圖畫一個圓，當你畫完成後，你再仔細看看它，一定會覺得有什麼地方不對，於是只好擦掉重畫。但是每當重新畫好的那一刻，這個圓看起來又像方的了，永遠沒有像圓的一天。

產品的製作也一樣，根本不可能有完美這件事，而且就算當下你發現的問題修正了，但是隨後客戶以及市場總是會發生新的變化。於是你的產品立刻就變成不完美的產品。

其實你仔細探查這些追求完美的心態，你就會發現為什麼

遲遲沒有推出嗎？難道是追求完美嗎？

其實不是的，因為只要產品不推出，就沒有人知道這個產品好不好。而且只要不公開銷售，那麼就永遠不會有失敗的問題。

因為這些追求完美的背後，真正原因是害怕失敗。

另一種情況是選擇要做的生意領域，以及推出產品時會遇到的。因為不知道這個產品會不會大受歡迎，於是開始在市場上進行大量的調查與分析。這種人到最後始終一個產品都沒有賣出去。

Why？理由跟第一個一樣── 因為害怕失敗。

換句話說，只要不賣，就不算失敗，你永遠可以說我在準備中。

我想這才是大多數人創業失敗的原因。因為這兩種情況永遠是最好的保護傘，而安全穩當地過一生，也是整個社會一致認同的價值觀，所以當你試圖用這兩個角度解釋為什麼，你沒有繼續創業，都是可以被接受的。在我看來這才是真正創業失敗的原因。

當然有更多人是實際地開了一家店面，也有產品在銷售，但是很快就失敗了。這個原因跟上述的第二個問題一樣，產品不受市場歡迎。而你完全可以避免犯這樣的錯誤，只要你好好學習接下來我要教你的方法。

2 瞄準、射擊、修正

該如何才能夠避免選擇錯誤的市場呢？

你沒有必要等到創業後才發現錯了，這時一切都為時已晚。

如果你創業是要開一家實體店面，等到店面開起來後才發現這個東西不受歡迎，那就慘了。通常就是因為這個原因，導致理性的創業家遲遲不敢行動。

或許你會想，沒錯，我們沒有大公司的資本，要創業也是辛苦存好久的錢外加跟父母借錢才能開始，豈能跟大公司一樣輕易地就把錢撒出去呢。

如果你這樣想，誤會就大囉。

這些大公司的資本在開發任何一個新項目時，他們的子彈確實是比你我還多，這是無法否認的。但我們必須看清一個事實，生意就是生意，絕對不可能因為它是大公司就可以隨意花錢，如果是這樣的話那麼經營者多半是心存不軌，只是想隨意揮霍投資人的血汗錢，通常這種公司也存活不久。

一間正派經營的公司，對於每一塊錢的運用都很重視。為什麼？因為現金流說明了一切，當一個經營者把錢亂用的時候，那麼他的公司將會無法永續存活，這可不是創辦人樂見的

事，所以他們一定會對每一分錢精打細算。

說到底，生意就是生意。

當然有些企業家私底下揮金如土，那都是屬於個人行為，更何況這是他賺的，拿來享受也沒有什麼不對。再次強調個人行為，跟經營事業是兩碼子事，千萬別把這混為一談，否則你跟生意的誤會就會很大。

那麼這些成功的企業家，如微軟，特斯拉等……都是如何測試並且開拓市場的呢？

我會舉這兩間公司是有用意的，因為透過他們分別可以讓你看見最經典的市場開拓法。

當微軟公司推出了 win95 時震驚了整個市場，並且把比爾・蓋茲的聲勢一舉推到巔峰。但接下來推出的 win98、NT2000 市場反應卻是很糟，有不少人為求作業系統的穩定，傾向選擇用舊版的 win95。

如果你仔細回想一定會發現，微軟的軟體常不斷地更新。為什麼需要更新呢？因為一旦發現市場上的漏洞後，就必須更新系統以免客戶的資訊安全以及系統穩定性受到影響，這個問題嚴重的話則會連鎖反應引起全球性中毒。

所以從這裡你可以清楚看見，當 win95 推出時，當下這可能是最好的產品，但不完美，因為不管 win95 多麼無懈可擊，安裝在它上面的軟體還有使用者都在不斷地進化中。同時硬體廠商也不斷地提升性能。

　　所以微軟為了讓客戶有更好的體驗，它就必須不斷地更新系統。

　　因此可以知道他們的新產品推出時，一定是認為這麼做可以更好地解決客戶的問題，但當客戶實際使用後發現不好用，甚至願意用的人很少，就會將它停產。如果使用者很多，只是大家會抱怨裡面的一些小 bug，那麼這個產品就會存活下來，立刻變成你購買任何一台筆電都會配置的系統。

　　請想想如果微軟一直在等待一個最完美的系統出現，如今的世界首富絕對不會是比爾‧蓋茲了，他可能是躲在某個角落述說自己偉大夢想被竊取，差一點成為世界首富的故事了。

　　而且你知道嗎？win95 是比爾‧蓋茲跟別人買來的產品，這產品不是他開發的，這是否讓你又想起了哪一個成功的事業模式了呢？

　　另一位創辦人就更厲害了，當他對世界展示全新的特斯拉時，震驚了整個世界，訂單紛紛從世界的角落湧現。我們不知道展示的這台車能不能跑，但數據是真的，還是「官方數據」，但是可以肯定的是，當你下訂後，最快兩年後才可以拿到車。

　　試想，當訂單都已經先拿到手了，代表客戶已經先支付訂金給他了。同時他可以拿訂單去跟銀行貸款用銀行的錢去完成客戶的車子，他只需要支付給銀行利息錢就夠了。而銀行的利息錢還是從客戶支付的車款來支付。

　　客戶的訂單跟銀行的貸款支持著特斯拉汽車的生產，而且

客戶跟銀行同時都成了特斯拉的金主，是一個無法佔有任何股份的金主，這讓特斯拉整間公司價值狂飆。

如果這台新車一開始的展示銷售結果不好，頂多特斯拉退還訂金終止計畫就好。透過這個方法，他讓客戶用錢來證明這個產品是有市場的，很聰明吧。

為什麼我要舉這兩個例子呢？

因為在我教學將近十年的時間裡，學生一開始的成功率真的不高，大概就是 5％。而這些成功的人後來在市場上都佔有一席之地。對於另外的 95％ 我一直在想該如何幫助他們呢？

因為他們的問題不外乎——

⭐ **我有資格教別人嗎？**

⭐ **誰會聽我的？**

⭐ **我的知識有人要嗎？（過於貶低自己）**

⭐ **這個產品做出來後，會不會被批評**

⭐ **我要把產品做到最完美，不能夠讓產品有瑕疵**

⭐ **不想白做工**

……一堆數不盡的問題。

也就是在你做完市場調查後，或是你有某個美妙想法出現後，不知道市場會不會買單。如果貿然把它生產出來，若是沒人要，那就血本無歸了。

大多數人都是因為這個原因沒有成功，絕對不是沒有天賦，或是景氣不好。

後來我為了讓學生不再害怕，並且提高他們的成功率，索性發明了一個方法讓他們永遠不會失敗。

我把這個方法叫做註冊當下銷售……我知道這個名詞聽起來很蠢，但它很貼近我們在做的事，重點是非常有效！

方法是這樣的，首先你先有一個做生意的想法，但是先不要急著把它生產出來，因為我們要確定市場有需求，再去做生產的動作。

該如何證明這個東西有人要呢？做問卷調查嗎？別鬧了！

如果你曾試圖銷售過任何東西，開始前你問過很多身邊的好友，通常他們都會一致贊同說這是個好主意，等到商品真的可以購買的時候，就會出現各種不能買、不適合的理由了對吧！

所以我認為讓客戶用新台幣來向你證明就是最好的方法。

因為我們無法確定這個產品是不是客戶心目中理想的解決方案，還是只是我們心目中的一廂情願。因此對於產品不管怎麼想怎麼改善，怎麼做焦點調查都是多餘的。

讓我們面對一個事實。

什麼時候才會有生意產生呢？

是不是你必須要把產品放到客戶面前，接著客戶把錢交給你，然後你把貨品交到客戶的手上，這個過程完成了才算是有一筆生意產生呢？

因為大多數的創業家，完完全全沒有這個動作，即使他的網站架設完成了，他的網店開好了。但是因為沒有讓有需要的

消費者知道有這個產品的存在，所以沒有生意。更慘的是，連可以讓客戶付錢購買的東西都沒有，怎麼會有生意呢？

所以現在我要協助你解決——**沒有客人，不知道誰要買的問題**。下一章我會告訴你，當產品確定有人要了，市場也在了，該做什麼事才可以讓你的生意持續存活。

再往下走之前，請記住這個公式，這適合用於任何一個事業，不管是虛擬或是實體生意都適用。是由一名連續創業家兼創業教練 Michael Masterson 所提出的。

當你看到一個市場需求，覺得它有潛力時，可能可以讓你發家致富，你就等於瞄準了這個市場。

接著你提出了解決方案，可是你無法確定客戶要不要，唯一能確定的方法就是讓客戶用新台幣把你的產品帶回家。所以你必須要發射你的產品，把它放到客戶面前，看看會不會有生意產生。

如果客戶買了，反應很好，那就改良客戶抱怨的問題，讓客戶更依賴你的服務。如果反應很糟，沒什麼人想買，那就盡早放棄，再找別的目標，直到命中紅心為止。

記住！

瞄準 → 射擊 → 修正（正確的創業順序）

如果你的順序錯了，可是會失敗，因為這個順序從來沒有人成功過。

瞄準 → 修正 → 射擊（史上最糟糕的創業順序）

3 網路賺錢你只需要五個頁面

那麼該如何有效地在不生產產品的情況下，做到**瞄準 → 射擊 → 修正**呢？

很簡單，你只需要做出五個網頁就可以完成這一切。而且未來不管你賣什麼產品，都能用這五個頁面搞定。

這是最簡單的網路行銷系統，一旦做對了之後，就可以不斷地自動循環產生客戶。這不是說你什麼都不用做，你還是要工作，但是你每天會清楚知道該做什麼，最重要的是什麼你不該做。

透過這個系統化的運作後，你將有效地為你的網路事業帶來客戶，甚至是不斷擴張事業。

方法很簡單，這個系統只需要五個網頁、兩項工具，還有一個帳號。

五個網頁分別是：

1 名單搜集頁
2 確認頁
3 行銷頁
4 銷售頁
5 感謝頁面

　　兩項工具分別是：一個網站及一個郵件發送系統。

　　帳號其實可以有很多種，最主要是挑選你所在國家最容易操作的即可。為了單純起見，我建議你使用 Facebook 當作行銷帳號。Facebook 幾乎是全世界的共同語言，即使現在它被稱為是老人家在用的，但現在全世界每天還是有成千上萬的人透過它賺錢，而且稍後我還會告訴你臉書廣告目前最新的解決方法。

　　現在開始我會用 Facebook 粉絲專頁，來示範流量（找客戶的方法）。

　　現在我們直接來看重點，你該如何用一個系統化的行銷流程，把所有的工具跟五個網頁串在一起，就像你有一個自動化系統一樣。

　　它的運作模式如下：

　　這張圖片是依照箭頭的方向從左到右，這整個流動就是我所說的系統。但如果你把它當成一般的網頁來看，一定無法讓它發揮作用，因為每個步驟都內藏玄機，現在就讓我來一一為你破解吧！

　　你可以掃描右邊的 QR-code 來觀看影片示範。

4 如何創造流量、吸引流量？

流量流量！

流量到底是什麼？

如果你打算開一家歐洲進口服飾店，假設資金絕對不會是問題，請問你會把店面選在台北 101 只有 10 坪大，每個月店租 50 萬的店面，還是屏東 300 坪每個月 2 萬元的超大店面呢？

我想你應該會想都不用想地就選擇貴森森的 101 吧！

為什麼我們都直覺會選擇那裡呢？

因為在那裡開店，每天經過你店面的人可能會有 2 萬人次，而且 101 聚集了許多外商公司與觀光遊客，所以來往的人潮都是有高消費能力的人。相對地如果你把店舖開在屏東，每天經過店門口的人次可能不超過 300 人，另外當地民風純樸，精品對他們的吸引力沒那麼高，自然購買力就不高。

這也就是為什麼，在台北小小的店面就貴翻天的原因了，因為即使嘴巴不說大家心裡也都知道人潮就是錢潮。

網路上，我們不把很多人稱為人潮，它有另一個名字叫做流量。

此外當你架設好一個網站後，它跟租店面的情況不一樣，

因為沒有人會自己跑去你的網站，你必須要做些事、做一些動作把人帶到你的網站，不然永遠不會有人知道有這個網站，知道這個網站在賣什麼，若是沒有人來瀏覽，早晚關門大吉。

創造流量，大多數人都是怎麼做的呢？

不外乎到論壇四處留言，買好友加好友軟體四處騷擾別人，或是把人帶到 Line@ 亂發訊息，或是發垃圾郵件，日復一日不斷地騷擾別人。

這是網路年代，請用科學一點的方法。

你只要花一點點錢，就可以把精準買家帶到你的面前。

什麼！？要花錢，我才不要，聽說廣告費很貴，如果血本無歸怎麼辦？

請放心，這就是這章節要教授給你的策略，不僅是讓客戶用新台幣為你證明你的產品有市場，同時我還會告訴你如何讓廣告費為零。

是的！我們可是沒在考慮廣告費這件事。

我們先看看流量，一步一步來，接下來我會讓你知道廣告費為零是怎麼一回事。

提到流量你必須知道三大分類：

1 不可控制的流量

2 可控制卻無法掌握的流量

3 可以掌握又可控制的流量

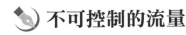

不可控制的流量

舉凡 SEO，請別人幫你推廣，拍 YouTube 影片，在 FB 粉絲專頁 po 文等，在 IG 狂發照片……這些都是被稱作不可控制的流量。因為你不知道哪一天這個流量什麼時候會不見。可能你辛苦做好的 SEO 隔天起床發現，一夕之間就因為 Google 改變遊戲規則就把你變到沒有人找得到你。

可控制卻無法掌握的流量

廣告就是可控制的流量，只要你願意花錢，你就可以曝光在你的最佳買家面前。問題是你不知道哪一天你的帳號會被關掉。但是這是獲取新客戶最快的方法，所以你絕對不能捨棄它。

可以掌握又可控制的流量

前面兩種流量的目的，就是把他們轉換成你可以控制又可以掌握的流量，你希望你的潛在客戶一天看到你幾次就幾次，絕對不會發生突然客戶看不到你的狀況，也不會突然帳號被封鎖。

你很忙，生活上其他的事情也很重要，你沒有那麼多時間依賴不可控制的流量來幫你發家致富。不然可能等到生命的最後一天，海枯了石爛了，你才發現原來免費是最貴的。

所以我們要把注意力放在，把不可控制、以及可控制卻無

法掌握的流量，變成可以掌握又可控制的流量。

那麼該如何透過付費流量，有效率地找到你的精準買家呢？

首先，你必須要透過標題來篩選對你產品有興趣的客戶！

大部分的人覺得標題字體越大越有效，沒錯！這確實會讓更多人看見，但我們的目標不是讓更多人看見，我們的目標是找到渴望購買產品的客戶。更何況這又不是報紙上的廣告，你也無法讓標題隨意變大，你只能用有效的字數、關鍵字來吸引你的客戶，因此如何下標題就很重要了。

雖然標題不是本書的主題，但是在這裡我推薦你一個小訣竅，讓你在看完這個章節後，就能立即運用。

請牢牢記住這個原則，每個人都只關心自己的事。也就是說，標題必須要能清楚說出你的客戶特徵，或是他的問題。

我們以 FB 廣告為例，下廣告時你可以將填寫文字的地方分成兩個部分。我想過去這讓大家很頭痛，到底上面的這個區塊是標題，還是下面比較大的文字是標題。關於這個問題我也很困惑地問過 FB 的行銷顧問，但是他們的答案讓我覺得他們本身也不是很清楚這兩個區塊的差別。

直到最近，因為 FB 充斥了太多廣告，還有太多的長輩加入後，年輕人逐漸轉往 IG 分享自己的日常點滴。但即使如此，年輕人只是不在這裡分享，還是會在這邊滑一下看看有什麼好玩的事，只是停留的時間變短，所以 FB 還是一個廣告主

戰場。

注意：過去 IG 是年輕人的小天地，現在 FB 有意識的把人引導到 IG 上，也就是說原本 FB 上的同一批人，只要是比較懂得如何操作 3C 裝備的人們都被引導成為 IG 用戶。那些比較不太會使用智慧型手機的長輩暫時被留在 FB。也就是說，現在 IG 變成一個新戰場，人還是同一群人，你無須擔心這些人的消費力不足，你只要把現在的 IG 想像成 2012 年的 FB，就可以知道現在切入的人佔有極大的優勢。

所以不管你打算在 FB 廣告，或是 IG 廣告都可以，差別就在於策略不同。但這不是本書現在的重點，現在你的任務是先確實地學會如何在 FB 上透過廣告找到潛在客戶。

所以回到主題來，請問該怎麼吸引潛在客戶的注意呢？

現在請拿起你的手機在 FB 衝浪（滑手機）的樣子。

仔細觀察後，請問你發現 FB 會優先曝光哪些圖片呢？而且在這些圖片裡面，哪一種比較吸引人注意呢？

是的！直接與人們對話的圖片。

過去的廣告，習慣在上面的區塊解釋很長，下面的大文字區塊就變成是呼籲行動。可是現在不一樣了，現在你必須跟客戶對話。

為什麼要這麼做呢？

不知道你是否曾有過在路邊發傳單，或是收過傳單的經驗。每個人或多或少都有吧？那麼有多少次你會覺得這是你要

的傳單，然後很樂意地收下呢？

沒有！幾乎是沒有對吧！

多半我們會把傳單收下是因為發傳單的人很辛苦，想說舉手之勞幫他把傳單拿去垃圾桶丟掉，好讓他早點完成今天的工作。

為什麼會發生這個情況呢？

主要是因為對於拿傳單的人而言，這一些訊息對他沒有幫助，這不是他要的。換句話說，工作人員沒有把傳單傳遞給有需要的人，以及沒有引起拿傳單的人的注意，並讓對方意識到這是對我有幫助的。

說真的，如果你是一名賣豪宅的房仲員，要找到客戶還簡單一點，最起碼可以透過客戶的車子，或是客戶身上的配件初步判斷眼前的人是不是就是你想要找的買家。但這個問題還出在如果他不是住附近的人呢？外地人會想在這邊置產嗎？而且如果真的透過這樣子的條件來判斷眼前是不是對的人，想當然路上的人幾乎都被去除掉了。

在這個情況下要把手上的傳單發完幾乎是不可能的，只好見人就發！

如果你是發學習英語的傳單，就更難上加難，因為你根本無從判斷誰需要學英文。即使你找到需要英文的人，但是他可能需要的是商業英文，不是傳單上的多益考試，那麼這張傳單也是無效。

更何況接收傳單的人都是有自己的事在做，即使正在走路，他腦中可能也正在想對他來說重要的事情，哪裡會想要拿你的傳單呢？

真相是不是讓你覺得很殘酷、很絕望啊？

還好這裡有個好消息。雖然發傳單要找到對的人很難，但要引起注意卻是很簡單。因為每個人手邊都會有正在做的某件事，或是正在想某件事、看某件事（手機上的照片，簡訊）。以下讓我用一個簡單的例子，幫助你視覺化了解這件事。

有天你正在發傳單時，迎面走來一名妙齡女生，穿著時髦的牛仔短褲，短到都可以看到屁股的月亮了，身上套著一件寬鬆的外套，深怕肩帶不能露出來。指尖塗得五顏六色，一頂大大的帽子壓著一頭染得比外國人還金的長髮。

她低著頭正在滑手機，彷彿路上正在行走的車子，會自動繞道而行。此時如果你貿然把傳單遞過去，她百分百會用乾坤大挪移閃過你的傳單攻擊。但是如果你懂得接下來我將要跟你分享的小技巧，她一定會立馬停下來回應你。

還記得做廣告要牢牢記住的首要原則是什麼嗎？——**每個人只關心自己的事。**

所以順著這個原則走，發傳單是你的事，是沒有人會關心你的。即使是收下你的傳單然後拿去丟掉，那也是覺得把「你的傳單」拿去丟掉後，有一個「我是好人」的感覺，所以這個行為說穿了收傳單的人還是為了自己。

　　但是這個時候，你只需要多一點關懷，觀察對方當下正在做什麼，看什麼，然後用這件事跟他對話就可以引起她的注意了，因為這是「關於她的事」

　　我們再回到剛剛發傳單時迎面走來的那個女生。因為她正在滑手機，你可以走過去開口問她：「妳在傳簡訊給我嗎？我沒有收到啊？」這時那位女生一定會一臉疑惑地回答你說：「我沒有啊！」

　　「真的嗎？我還以為妳在傳訊息給我。」

　　「嗨！妳好……」並見機與她打了個招呼。

　　這樣是不是就成功地引起注意了。

　　為什麼她會願意跟你對話呢？因為此時她關心的是手機上的訊息，因此滿腦子都被手機上的對話給佔據了。所以當你提到傳訊息時，她一定會不假思索地回覆這件「現在」跟她有關的事。

　　但是在網路上你沒有辦法看到對方在做什麼，所以無法這麼做。可是因為網路廣告的特質，反而可以讓你用更厲害的方式找到客戶。

　　首先你要知道，客戶為什麼會跟你買東西。大多數人會以為是因為你們公司很大、歷史悠久、品質優秀。是的，這些很重要，但是在這個年代這些都是必要條件，如果品質不好就別出來混了，網路上的壞消息可是傳播得很快的。但即使如此，就算你們的產品符合了現在的基本標準，在客戶想要購買前，

這些都還是不關我的事,因為客戶不知道你的產品跟他有什麼關係。緊接著你會學到更進階的技巧,現在我們先專注在對話上,所以暫時你只要先了解這點就夠了。

記得在第三章我們學過,先做調查然後當客戶肚子裡的蛔蟲嗎?

現在讓我們回到成人美語的例子,假設你做過調查後,發現客戶的問題是,學了英文之後讀寫都沒有問題,但是說出來都是台式英語,更慘的是外國人大多是聽不懂的。請想一想,這些人在乎的是什麼呢?是不是在意自己說的英文對方能聽懂嗎?

所以如果你想引起那些有些問題或困擾的人注意,你只需要在廣告的時候說:「你是否每次跟老外對話時,對方都聽不懂啊?」

當然了,首先你必須要透過 FB 的設定幫你找到對美語感興趣的人,這樣你的廣告才會出現在這些有需要的人前面,這就是我們所謂的精準流量,你也可以把它理解成人潮,唯一的差別是透過廣告設定你找到的是直接有這方面問題的人,而傳統的人潮就是人很多,你始終不知道哪一個是你的客戶。

那麼該怎麼找到對你的產品有興趣的人呢?很簡單你只需要先聯想有這個問題的人,換位思考去想他們會對什麼感興趣,可能是 Tutorabc、商業英文,或許他也看《商業周刊》吧!

接著你在下廣告的時候，選擇針對這些潛在客戶可能感興趣的曝光即可。

以下我模擬的一個廣告。假設你教的是商業英語，你主打的族群是住台灣的女性客戶，年齡是 25 ～ 50 之間。假設經過你的觀察後，你發現你的客戶群大部分都很喜歡看《商業周刊》，尤其是金融界的女性居多。

此時你就可以在目標設定的地方輸入商業，此時 FB 就會自動把有這些興趣，同時年齡是 25 ～ 50 歲住在台灣的女性篩選出來。而且 FB 甚至可以預估每天會有多少你的潛在客戶看到你的廣告。

網路萬歲！

是不是！這就是網路的威力，你不用拋頭露面就可以快速找到潛在客戶。

但是現在問題來了，如果你在標題的地方，用問句會變得太像廣告。人們會潛意識地跳過。這就是現在廣告無效的原因之一。

而且很多人在做廣告的時候，或多或少都會習慣在廣告下方寫上一堆文字，因為他們希望用更詳盡的說明來讓客戶確認這是他要的。這種做法過去是可以的，但是現在卻行不通。

那麼，該怎麼做呢？

記得 FB 廣告，文字描述的地方有兩個地方嗎？

基本上現在的變化是，上面的文字是用來對話，下面那塊

則是用來說明好處。

例如：你覺得台式英文很糗嗎？

接著在下面的標題描述好處：40 歲的大叔，英文從來沒有及格過，現在竟然讓人以為他在國外長大。

這樣的文字是不是很吸睛，當然中間的圖片放一張大叔說英文的照片，就很吸引人。

這樣就夠了嗎？

當然不是⋯⋯

因為第一句的對話，如果現在你用問號，看起來也太像廣告，不是說不行，是盡可能讓它像是在跟客戶的大腦對話。

此時只要把問號，改成描述下面標題的評論，因為潛在客戶的大腦想的還是台式英文這件事，所以你只要改一下下面的標題，立刻就能跟客戶的大腦對話。

你只要說：「蝦毀，沒出國英語像 ABC⋯⋯怎麼辦到的啊？」

此時下面的標題不變。

註：蝦毀（台語發音），指什麼的意思。

如此一來，這個廣告現在是不是變得不像廣告又很吸引人？

這就是在任何一個平台吸引客戶的有效方法。

如果這個地方你做錯了，你就會像其他在網路廣告的人一樣，必須用更高的價格吸引人們的注意力。當你發現人們沒什

麼反應，你只好用更誇張看起來更不可靠的方式打廣告，甚至是打價格戰。你應該不難想像，在這個情況下，你將會變成被比價的對象，殺價自然就是一個選項了。

如果你希望你的事業跟其他人不一樣，從此擺脫削價競爭，你就必須在整個事業的入口處，明確定義你的客戶是誰？他們的問題是什麼？你要用什麼東西來為他們解決問題？唯有這樣，你的網路事業才有可能做得好。

請記住，網路事業雖然門檻很低，但是它很殘酷。因為實體客戶跟你見面時，不好意思拒絕，只要你再強推一下，客戶就會買單了。但是在網路上，即使這個客戶是你的好朋友，但是當他在瀏覽你的網站時，你完全不知道他是誰，所以當他發現這個訊息不是他要的時候，他就會立刻關掉視窗走人。

所以在網路上做生意，請把注意力放在數字管理，而不是與人搏感情，這樣你才有辦法做出正確的決策。當然，這些在後文你都會學到。

5 名單搜集頁

不管實體或線上生意，只要做得好的，大多懂得使用廣告借力使力的好處。過去這樣做確實可以賺到很多錢，尤其是如果你開始使用我剛剛與你分享的廣告找客戶方法，那麼你會獲得比別人更多的流量。

問題是，就算你懂得如何找到客戶還是不夠，因為在這個情況下，如果你表現得好，那麼你的成交率最多就是 2％，也就是每一百名陌生客戶看到你的產品，會有 2 個人購買，這算是很厲害的表現。

我知道有人會宣稱自己的成交率 50％或是 100％，我很懷疑，因為我至今沒有見過有人能做到。如果你要做生意就必須對自己誠實，不然就會陷入騙自己的幻象，畢竟沒有一個人是透過騙自己成功的。我把這種方式稱作自殺式行銷。

因為現在大家都會用廣告，即使你比較會廣告，頂多也是用更低的成本把人帶來看你的產品頁面。就算你的產品頁面表現得很好，請注意我不是說文案不好，別讓自己陷入文案的陷阱。

也別誤會！我不是說文案無效，我要表達的是你只要做

對流程，讓生意流動，那麼你就可以賺到錢。不然你會陷入僵局。（後面對於事業流動有更詳盡的說明）

現在只有 2% 的人購買，剩下的 98% 呢？我們可以再怎麼做呢？

那些 98% 的人不是不買，可能是現在預算不夠，也許過一陣子就會再買，或是正準備信用卡付款，突然小孩哭了要去餵奶。也有可能正在搭公車，剛好到站了，只能先下車了，所以要晚點再買。

他們的心裡都會想，我等一下、我晚一點再來買，但你我都知道，每天每個人的事情都這麼多、這麼忙，「待會兒」就永遠不見了，就這麼消失在你的世界了。

永遠不見！就這樣不見……

所以該怎麼做呢？

首先你必須要，也一定要留下客戶的資料，對這件事你如何都不能妥協，你要有自覺與決心：在網路上如果不讓潛在客戶留下資料，你就看不到我的產品。當然如果客戶現在立刻就要跟你買，你還是要賣，我現在跟你說的是對於這個做法你要有這個決心，做這種改變，不然永遠無法擺脫過去的模式，即使賺到了錢只會變成為自己的事業賣命的下場。

仔細回想你曾經去過的那些熱門的連鎖餐廳，你要進去用餐前第一個動作是什麼。是不是服務員都會這樣對你說：「先生您好，方便留下您的聯絡資料嗎？」

　　有時候你會不會心裡納悶：「我人都在這裡了，幹嘛還要留聯絡資料啊。」但是為了避免尷尬，為了當個好人，我們通常都會留下自己的聯絡方式。

　　而這些電話的用途，是未來他們有促銷活動時，就可以透過簡訊發送給你，讓你知道這個消息，藉此吸引你再來店裡消費。所以有留電話，就能再次追售到你。

　　而很多人做生意，不管在實體或是網路，都沒有搜集客戶名單的習慣。認真說，這樣做對你的事業來說，像是一種自殺行為。

　　為什麼搜集客戶的資料這麼重要呢？

　　假設你租了一個店面，每個月的租金是臺幣 50 萬元，再加上員工薪資及每月的固定費用，每月要支出的總費用為 100 萬元。如果每天進來店裡的人有 200 個，這樣代表一個客戶查詢成本是：

　　（100 萬元 ÷30 天）÷200 人 = 166 元

　　這個 166 元，代表我給你 166 元，請你來看看我的產品好嗎？現在知道嚴重性了吧！此時沒有任何銷售產生，如果再沒有讓客戶留下聯絡方式，未來你再也沒有機會聯絡到這些表示對你的產品感興趣的客戶，而且還是你花了 166 元才引起注意的客戶。

　　在這情況下，假設每天有 10 個人購買，另外不買的 190 個只是看看，連話都不跟你說上一句的人怎麼辦呢？

　　還記得嗎？消費者現在不買，不代表未來不買。有可能下個月才有預算，或是他想要等到打折時再買，也可能剛跟男、女友分手，今天心情很亂，只想逛逛改天再買……

　　通常店員都不會理這 190 個人，即使有交談，也不會留下對方的資料，因為他認為何必浪費時間去聯絡一個看起來不會買的人呢？其實店員心裡明白客戶這次走出店門後，再回來的機會幾乎是零，即使有也是少數特例。

　　換句話說，店員這個行為，讓老闆損失了 166X190 ＝31,540 元。

　　所以有時候不是老闆很機車，是因為做生意就是用數字來說話，如果生意沒做起來，這家店就沒辦法再經營下去。假設這間店裡面有四個員工就代表有四個家庭，一旦面臨生意不好要關店，就會有四個家庭失去經濟來源。這責任是很大的，更何況老闆自己也有一個家庭，因此請將心比心，理解老闆的每一個決策。

　　過去我們家經營工廠，我管理著 232 名員工，我知道那種壓力，在我最慘的時候，還要擔心員工們沒飯吃怎麼辦？這就是現在我選擇不要管理員工的原因，因此現在我把任何我不想做的工作，或是不在行的工作都外包，然後由別人管理員工把工作完成。這不是對大家都很好嗎？

　　相信你懂我要說的了，讓我們回到主題。

　　如果店員有請客戶留下資料呢？假設有 **35％**的人願意留下

資料，190×35％＝ 66 人，這裡忽略今天有購買的 10 名客戶不算，因為他們必須被歸類成客戶名單，現在的這 66 人是潛在客戶名單。

請注意「買家名單」和「潛在客戶名單」，是兩個很不同的概念。你一定要牢記：客戶是有付過錢給你，即使是一塊錢也算，從此你們的關係就改變了。他會變得相信你，未來你要積極跟客戶介紹新產品，因為你們已經建立了信賴關係，再一次成交會變得很簡單。因為客戶在付錢之前，最難的不是付錢，是找到值得相信的人。

而潛在客戶是對你的產品有興趣，即使他說很相信你，但是現階段沒有在你的事業花上任何一毛錢過。所以你們彼此的信任關係還是很薄弱。我知道或許你會說這樣來評判是不是太武斷。

但這就是事實，客戶如果沒有跟你買過東西，沒有真正的使用過，他怎麼知道你的產品好，自然就不會跟你買下一件產品。

所以，懂得把有付過錢跟感興趣但還沒有付錢的客戶分開來看待，絕對是做一門生意很重要的分水嶺。

接下來，我們來算一下每個名單的取得成本：

也就是說，「我給你錢，請你把你的聯絡方式留給我」的費用。

（100 萬元 ÷30 天）÷66 人＝ 505 元

是的，很貴，一個客戶名單要 505 元！

現在你知道留下一個客戶資料的重要性了吧！而且未來不管是客戶還是潛在客戶你都要持續和他們保持互動，適時地每天提供對他有益、能幫助他快一點達成理想結果的訊息。請注意，我可是沒說促銷訊息喔，別做錯了。

當然，這個例子比較極端，我把每個月的管銷以及進來店裡面的人比例設得太懸殊了。但這是要你看出嚴重性，主要是讓你知道流量進來後，你的第一個動作一定是要想辦法留下客戶資料。

現在你知道留下客戶資料很重要了。這時候你會問，為什麼客戶會願意留下資料啊？

我很開心你這麼問。是的，絕對不會有人看到你的網頁後，就留下資料，客戶哪會管你花多少錢讓他看到你，他只在乎這可以為我帶來什麼好處。

所以我們的做法是提供一個客戶想要的贈品作為交換，通常如果這個客戶不願意留下資料，你也不用太奢望他會購買東西了。

贈品很簡單，不一定要花錢。比方你提供的服務是穿衣服教學，那麼客戶決定報名課程前，一定都會經過大量的詢價，這時你如果跟客戶說：「留下你的資料，我會給你一張五折優惠券，當作回饋，並且未來我還會每週寄送給你一篇穿搭衣服的小技巧喔。」

就是這麼簡單！

但贈品不能隨便送，要送對你來說成本很低、最好是不用花錢，同時還可以為你樹立專家形象的東西或服務。如此一來，當你取得客戶的聯絡資料後，而且是客戶同意你聯絡的資料，這樣未來客戶就可以持續收到你提供的行銷訊息。

想想誰會提供專業的訊息呢？

專家！

於是在不知不覺中，你已經在客戶心目中留下某特定領域的專業形象，日後若是他遇上這一類的問題時，腦海中第一個想找的人就是你。

那麼在客戶留下資料後，下一步要做什麼呢？

6 確認頁面

在實體店面，當客戶留下個人聯絡資料時，通常是客戶和店員兩個人面對面，可以清楚知道這件事被完成 了。

同樣的，在網路上這個確認的流程也絕對不能省略。因為很多時候，我們都是讓整個流程自動化運作，也就是說，當客戶看到名單搜集頁後，只要他對我們提供的贈品感興趣，就會留下資料做為交換。

但是網路總是會有小差錯發生，很多時候客戶成功留下資料了，當你的系統要自動把資料產出時，卻發生不可預期的錯誤，讓你的贈品名單消失大海，導致客戶在另一頭傻等贈品的送來，同時也代表你失信客戶一次了。

所以我建議你一定要做確認頁面，當客戶註冊完成以後，可以在這裡留下訊息，向客戶說他已經成功註冊，他的贈品將在多久內到達，如果萬一沒有如期收到的話，可以主動跟誰聯絡，以順利取得贈品。這個地方還有一個重要的功能，就是銷售給客戶他現在就渴望的產品，這是你們第一次交易的最佳時機。

而且這裡是改變你生意的轉捩點。後文我會在設定廣告預

算的地方告訴你怎麼做,現在你只需要知道要設立這個頁面,以及它的重要性就可以了。

　　接下來的這個步驟,就是大家一直搞錯的地方,也是一個無敵重要的部分。

　　恭喜你看到這裡了!相信現在你已經知道使用 FB 作為一個行銷平台,絕對是最強大也最簡便的。接下來,我會插入四個秘密的教學,分別是「建立有效的粉絲頁」、「最簡單的 FB 行銷流程」、「FB 廣告該怎麼做」,以及最重要的「打平廣告費的方法」。

▶ 建立粉絲專頁

　　我為你錄製了一段教學影片,教你如何有策略地去建立粉絲專頁,幫你做生意賺錢。現在我們已經探討完基本觀念,你知道在社群媒體應該專注在 Facebook,你也已經知道,在粉絲專頁追求粉絲按讚數並沒有用,你需要追求的是真正的買家,同時你也知道在 Facebook 上 PO 文對你的生意沒有什麼幫助。那麼該做什麼,才可以讓你的生意透過這個平臺產生很棒的效果呢?

7 行銷頁面

行銷頁（E.B.M）

當客戶註冊後，我們會透過 Email 讓他們看到行銷頁面。在這裡我們會提供給客戶一些重要訊息，但是大家都把這裡搞錯了，認為這裡就是銷售的地方。

很多人喜歡把行銷跟銷售當作是同一件事。其實，這絕對是兩碼子事。行銷的作用在於讓你的銷售變成是多餘的。

這裡我們不談行銷 4P，也不談 USP（獨特銷售賣點），在這裡我們談的是讓客戶願意付錢跟你買東西的方法。

那麼行銷頁面到底該怎麼做呢？

我來舉一個我最喜歡的例子，這也是我過去的真實案例。

有名女高中生要去樂器行報名學吉他，她在半年內連續跑了好幾間，但是都沒有真的定下來學吉他。每次她走進樂器行，就表明要學習樂器的決心，樂器行裡面的老師遇見這種情況通常都會問：「妳想要學誰的歌啊？」

「我想學五月天的歌。」

通常這時候老師就會開始秀他的炫技，在做完很厲害的表演後，不意外學生都會說：「我再考慮看看！」直到有一天，

她再度鼓起勇氣，想要好好的學吉他，於是又去了同一間樂器行。這次接待的是另一個老師，這個老師不一樣，眼睛很犀利。

「咦！上次你不是來過了，怎麼沒有學呢？」

（記得嗎？先問她的問題在哪裡。）

「因為我聽說學吉他手會長繭，我好擔心手指長繭以後，我的男友會嫌棄我，然後移情別戀去了！」真是情竇初開啊。不過這不能怪她，畢竟少女情懷總是詩。這時候，善解人意的老師說：「原來如此啊！其實學吉他會長繭的原因，通常是因為壓弦的姿勢不正確。而且一開始你只要使用尼龍弦來替代鋼弦就不會痛了。等到你比較會按之後，再換鋼弦就好了。你摸看看我的手指頭，是不是幾乎都沒什麼繭啊？」

真的耶！只有一點點硬硬的，但不是很醜的那種繭。

這時老師看她還是有點遲疑，便接著說：「當然囉！一開始練習的時候都會有一點繭，但是等掉了以後，就會跟妳現在的手一樣滑嫩了。」

「太好了！老師，你會不會彈五月天的歌啊？」

「當然會囉！妳喜歡的話我可以教妳啊！先去櫃檯找那位小姐報名，約定好時間後就可以開始了！」

看到了嗎？這就是行銷的作用，解決客戶不想買的理由，你能夠解決購買前的反對問題越多，那麼你的銷售就會越容易，請注意這裡指的是客戶的問題，不是你的產品問題。

這就是我說的，當行銷做對的時候，會讓銷售變成是多餘的。

那什麼是行銷呢？

大多數人把行銷跟銷售搞錯了，基本上行銷整個過程分成兩個區塊：75％談論客戶的問題，剩下的25％才是談論你的產品。

你有沒有發現，大多數人在做生意的時候，一開口就是我們的產品多棒，如何不一樣、比對手好……之類的，他們談論的從來都不是客戶的問題。所以通常當客戶聽到價格的時候，都還沒了解產品能為他解決什麼問題，達到什麼效果，第一反應就會說太貴了，我再考慮看看。這不是很可惜嗎？

是的！你可能比同行還貴上一倍，但是你的產品只要花一半的時間就能為客戶解決問題，而且效果比競爭對手好上許多，這省下的摸索時間，已經讓客戶省下不知道可以買幾次無用產品的費用了。

但是客戶在不知道他即將獲得的好處前，只是先聽到你們的公司有多棒，產品品質多好，這已經夠煩人了。而當他聽到你報的價格時，立刻倒抽一口氣，差點沒心臟病發。

記得嗎？我有跟你提過每個人都只在乎自己。

我們本來就只在乎自己，但是做生意就是要把商品交給對方，對方把錢付給你才算完成一筆交易。所以你必須要讓客戶先了解你的產品可以幫助到他，跟流量下標題的時候是一樣的

道理，所以在客戶把錢交到你手上前，你都必須要站在客戶的角度思考，想想客戶需要什麼？什麼是對客戶有利的？

而什麼是所謂的幫助客戶呢？

很多人都誤以為不斷地在口頭上提到我的產品可以怎麼幫助你。其實這是一個天大的誤會，因為即使這看起來像是幫助客戶，但實際上還是關於你的產品，以你為出發點。

還記得剛剛女學生學吉他的例子嗎？

是的，在行銷的地方，你必須要談論客戶的問題，談談他心中的疑惑，透過這個談論客戶會覺得你瞭解他，是一個可以信賴的人，跟別人不一樣，也從你這裡看到了你是解決問題的解藥。當客戶心中浮現這個觀點時，你才可以開始與客戶談你的產品，讓他因此而發現剛好你的產品就是解藥！

所以在這裡要跟客戶談什麼呢？你要從兩個階段入手——

✎ 客戶的信念：關於與客戶溝通

1 對於你要賣給客戶的產品，客戶一般相信什麼？

⭐ 對於客戶要做的這件事，客戶的信念是什麼？

⭐ 客戶對於這件事，是怎麼看待自己？

⭐ 他們的信念是什麼？

⭐ 他們對於財富的信念是什麼？

⭐ 個人發展是什麼？

⭐ 他們對於成功的相信有多深？

2 他們相信現在根本的問題是什麼？

⭐ 現在是處在什麼狀況？

⭐ 他們相信目前是沒希望的嗎？

⭐ 他們相信別人也有處理過這問題嗎？

3 他們對於這個你操作的市場，他們的信念是什麼？

⭐ 大家都很努力掙扎嗎？都沒人成功嗎？還是都很容易成功？

4 對於你提供這類型的產品，客戶的信念是什麼？

⭐ 他們對於別人曾經提供過，或是自己做的有什麼信念？有什麼想法？

⭐ 他們相信沒用嗎？

⭐ 他們相信有用嗎？

⭐ 他們相信要找到正確的專家、大師？

⭐ 他們相信你這類型的產品真的可以改變他的生活？

5 他們對於在市場上跟你銷售同類型產品的人，他們相信什麼？

⭐ 值得尊敬的嗎？

⭐ 還是廢人？

⭐ 他們教的東西如何？

⭐ 有信任感嗎？

⭐ 是騙子嗎？

之後，當你把上述的資料全部寫下來，下一個動作就是把

這些訊息轉換成客戶想要看到的訊息。

客戶需要相信什麼？關於銷售轉換率

1 他們需要相信你什麼，他們才會買？

⭐ 你有教育能力嗎？

⭐ 你有成功案例嗎？

⭐ 你是個權威嗎？

2 他們必須相信他們自己什麼，他們才會買？

⭐ 別人也曾做過，成功了嗎？

⭐ 他們自己也能做到？

⭐ 這可以改變他們要的生活嗎？

⭐ 可以改變世界嗎？

3 他們必須相信你的產品／服務什麼，他們才會購買？

⭐ 容易？

⭐ 快速？

⭐ 不貴？

這就是當你成功吸引客戶的注意力，客戶看到你的網頁時，在你提到產品前需要跟客戶溝通的訊息。現在知道如何行銷了吧！接下來我們來看一下，該如何進行銷售。

8 最簡單的文案：銷售頁

通常在銷售頁面有兩個選擇，一個是使用文字，另一個是使用影片。我的習慣是使用影片。因為文字需要寫出情緒、讓客戶想像出畫面（歷歷在目），還要讓客戶聽到聲音（讓他的大腦聽到），實在是一件不容易的事，同時也是大工程。

使用影片相對直覺許多，客戶可以看到你，也聽得到你的聲音，最後只要你像跟朋友對話一樣，就可以把情緒生動地展現出來。這就是我喜歡使用影片的原因了。

基本上使用文案或影片都可以，因為當你的行銷做對了的時候，兩個方法都有效，只要選擇適合你的方法就可以了。

現在假設你的行銷做對了，那接下來你要做的事很簡單，只有三件事——

就是告訴客戶：

1 我這裡有什麼？

2 能為你帶來什麼好處？

3 下一步我要為你做什麼？

就像剛剛學吉他的例子，當這個高中女生的問題被解決後，吉他老師立刻積極進一步說：「我這裡有一個五月天專屬課程，它可以幫助妳在三個月內徹底學會自彈自唱，現在報名有八折優惠價，我們還會送妳一把吉他喔！如果妳喜歡這個方案的話，就可以到櫃檯找店員小姐報名，然後我們就可以預約下一次的上課時間囉！」

看到了嗎？

當行銷做對了時候，客戶會發現你的產品是他要的，能夠解決他的問題，銷售就是這麼簡單。

但是很多人在銷售頁面這裡犯了一個錯，導致產品賣不出去。

因為這是在網路上做生意，消費者在購買前會擔心如果不適合怎麼辦，還有付完款之後，何時可以拿到產品？

我們先來談談不適合這個問題。過去我會教導學生使用滿意保證。但是現在的人會過度地鑽消費漏洞。我知道並不是每個人都這樣，但是說真的這種不確定的因素存在，會讓我覺得生活充滿壓力，因為我不確定客戶什麼時候會冒出來要求退費，尤其在他把課程都看完之後。

我很確定這不是我想要的生活。

而且台灣的法律規定網路購物商家必須提供七天內滿意保證的服務，這就養成了大家買來看看轉身又退貨的習慣。這感覺很不好。

　　若是施行了滿意保證，如果你銷售的是實體產品，那麼你會損失運費、包裝成本。如果你銷售的是知識產品，內容早就都看完了，有沒有退貨對買家來說都一樣，因為知識已經在客戶（買家）的腦袋中扎根。更何況知識跟實體產品是兩碼子事，根本不能用同樣的標準來衡量。

　　於是法律又變更規定變成，如果讀者在事前已經知道產品內容，而這個產品是智慧產權，那麼不受限於七天滿意保證。

　　基於上述的兩個理由，在 2017 年下半年，我就再也不使用滿意保證了。

　　因為我不想讓生活充滿壓力，同時因為你使用上一章行銷的方法後，客戶早就知道你能不能幫助到他，以及你提供的內容是什麼。而且如果事後還會退費，代表他就是沒有決心。

　　此外，我清楚認知到我的時間有限，生命是一直的消逝，絕對不會多一秒出來。就像現在我在寫這本書的時候是用生命在寫，而你也是用生命在讀這本書，所以我尊重你跟我的時間，我努力地呈現最好的內容與你分享。

　　基於這個放諸四海皆準的道理，每個人最後的終點都一樣。

　　因此我不再提供滿意保證。當然了，要不要這樣做是你的自由。但就我的經驗，自從我不提供滿意保證後，整個壓力減輕很多，同時吸引進來的學生也幾乎都很有決心，從此成功率變得很高很高。

另外，在這個階段，你可以提供客戶見證，讓眼前的客戶看見，真的有別人在買了、使用你的產品之後，收穫了什麼成果、解決了什麼問題。

我們來總結一下，到目前為止你學習到關於銷售的策略，這包含了流量、行銷頁面、文案頁面，這整個過程是不是跟市面上所分享的文案很像呢？

1 標題：吸引客戶注意

2 談論客戶的問題

3 談論自己的故事

4 你做這件事情犯的最大錯誤是什麼？

5 客戶相信的什麼事情是錯誤的？

6 解決方法是什麼？

7 你的產品是什麼？

8 你能夠為客戶做什麼？

9 下一步客戶該到哪裡購買？

10 滿意保證？（可有、可無）

11 客戶見證

仔細看看，這整個過程是不是一樣呢？

這就是為什麼我不刻意強調文案的原因，因為如果我一直把注意力專注在文案，那麼你可能就會忘記專注在整個流程該做的每一件事情了。

記住，行銷是一個情緒移轉的活動。銷售只是最後當客戶想要購買你的產品時，你再提出來的一個步驟而已。

▶ 最簡單 Facebook 的行銷流程

在整個 Facebook 的行銷流程面，我有很多策略，但是現在我想跟你分享一個你看完這本書後就可以立馬使用的策略，因為我希望這本書能為你帶來立即的收穫。

這個策略我也為你錄製了一個簡單的影片，你可以掃描這個 QR-code。

9 感謝頁面

對客戶來說，他看不到你（賣方）就是一個未知數。

現在我想跟你分享，我的產品現在不使用滿意保證，也沒有客戶見證，我卻能順利把東西銷售出去的秘密。（是的，有80％的時間我不使用客戶見證。）

主要是因為我在行銷的時候，我讓客戶相信了三件事：

1 我成功辦到了。

2 別人也用這個方法辦到了（但這不是必要）。

3 在沒有我的情況下，你也可以使用這個產品達到一樣的結果。

通常第三點就是讓客戶想要付錢把你的產品帶回家的原因。但是如果客戶在付款的時候，並不能很確認什麼時候可以拿到產品，以及付款後會有什麼機制確認他剛剛向你買了一樣產品，那麼這次的銷售也就會無疾而終。

所以客戶付完款後，我會把他帶到下一個網頁，在這個網頁我會清楚地讓他知道三件事——

1 確認他買了一個產品。因為當客戶購買後還是會有些擔心與不確定，所以你必須要讓客戶知道他做了一個

正確的決定。

2 讓客戶知道，如果在 24 小時內沒有收到確認信件的話，可以跟誰聯絡，並且在 24 小時內為他解決這個問題。

3 五分鐘內會立刻收到一封我寄給他的確認信件，裡面會有登入會員網站的帳號、密碼。

所以，讓客戶知道付款後會發生什麼事，以及讓客戶感到安心，是讓客戶最後掏出信用卡付款給你的關鍵祕訣。

恭喜你！現在你已經知道了整個自動化系統的銷售流程。當你完成這個流程後，未來你只要持續不斷把人帶回你的名單搜集頁，接著讓系統自動運作，帶客戶一步一步走完每一個流程即可。

如果這一切你都做了，但產品還是一直賣不出去，該怎麼辦呢？

請繼續往下看！

10 為什麼賣不出去？

　　大多數人習慣把整個銷售的重心放在文案，以及學習如何做廣告。所以遇到賣不出去的時候，或銷售不好的時候，第一個直覺反應是需要更多的流量，以及把文案寫得更好。

　　這兩個方法，確實對銷售有幫助，但卻不是真正的關鍵因素。

　　讓我為你舉一個簡單的例子。假設今天 Twice 的經紀公司對全球粉絲說——

　　「我們即將舉辦一個活動，你可以與子瑜來一場面對面晚餐喔！當然了，名額只有一個。爭取的方法如下，你只要到這個頁面留下你的資料，即使你從小到大都被罵魯蛇，或是連續失業一年以上，甚至是在你家，貓的地位都比你高，但是只要留下你的資料，你就取得了抽獎資格。

　　接著在 9 月 3 日晚上 8 點，在我們的直播頻道將會舉辦現場抽獎，到時你就能知道你是不是那位有幸跟子瑜一對一晚餐的幸運兒！」

　　你覺得在這個情況下，會不會有勇士願意嘗試呢？我想答案是肯定的。那麼為什麼在這麼不客氣的語氣下，還會有人願意配合呢？因為這些人都極度喜歡 Twice，他們是一群對的

人。

想像一下可以跟子瑜一對一晚餐，簡直是夢幻機會了，連搭飛機到處追著 Twice 參加簽唱會都沒問題了，而且只是留個 Email 有什麼難的？

你看看，這個例子裡的文案寫得爛不爛？當然爛！ 因為它直接罵客戶、貶低客戶，正常情況應該沒有人敢這麼做吧！

其原因就出在銷售三要素做對了：

1 族群

2 提案

3 文案

什麼是所謂的「族群」呢？當你透過本章的方法打廣告吸引客戶的時候，並且讓客戶留下聯絡資料，就是找到對的族群。

提案，很多人誤以為它就是單指產品。

其實不是的，提案包含了付款的方式，是否分期付款，現金刷卡？有沒有滿額贈品？這次的贈品是什麼？客戶買到的東西如何送到他的手上，是馬上就可以拿？還是要等好幾天。你必須把這些客戶想要的購買元素都考慮進去，才能夠讓客戶買單。這才叫做一個完整的提案。

至於文案，現在你也很清楚知道那是什麼，以及該如何簡單地使用它。

　　就這樣大多數人東西賣不好或是賣不出去時，做的第一件事就是想辦法寫出更好的文案，或是找到更多的流量。問題是即使更多流量也沒用，因為你可能找錯人了。所以要搶救自己的業績，第一個步驟就是先確定你的客戶是誰？你是否找到對的人（對的目標市場）？

　　如果這件事確定了，下一個步驟就是確定這個提案是不是客戶要的？就像剛剛那個例子，粉絲可能想跟 Twice 全部團員一起吃飯，而不是跟一個人吃飯，所以在這個情況下，如果提案錯了，反應率就會大幅下降。在這個情況下，一定要確定眼前的客戶是對的，你提的方案也是客戶要的。

　　而「文案」，你只要照著你學習過的方法，通常只要用我跟你說過的流程寫出來，基本上銷售業績都不會太差了。

　　所以銷售不好的時候，如果你把注意力放在修正文案，而不是先去確定有沒有找對人，這時候不管你的文案再怎麼修正，賣不好也是理所當然的。這就是為什麼我會強調，不要把注意力放在文案，因為這是一個過程，你要整個觀察分析，最後才能對症下藥得到你要的結果。

　　現在你學會了網路銷售的秘密。你也知道當銷售出問題時該如何自我診斷，並且讓整個業績再次反轉的方法。

　　接下來我們就要進入本章的重頭戲，不，應該是做生意的重頭戲，不花一毛錢做生意的方法。

11 你還在設定廣告預算嗎？

　　每間公司在營運的時候都會設立年度預算、季預算、月預算。這裡面包含開發新產品、人事預算、推廣活動費用、行銷預算，總之各式各樣的預算全都會被預先計算出來了。

　　這麼做的理由很簡單，我們要確保賺的錢比花的錢多才能夠讓企業存活下去。所以行銷費用對一間公司來說也是有一個數字存在的。

　　但是這個想法很奇怪，因為任何一間公司，只要不行銷，就不能為公司帶來客戶。如果設定了預算，那麼可以帶來的客戶頂多就是等於預算的最大值。如此一來，不就是把規模給限制住了嗎？

　　問題是，哪一個創業家不想把生意給做大呢？為什麼會做這種自我限制的事情呢？

　　這件事不難理解，因為他們假定如果投入廣告的錢無法回收的話，那麼即使損失了，我們每個月靠老客戶還有業務拜訪的獲利，最終還是能夠維持生存就夠了。所以一般的公司即使編列行銷預算，但是整間公司的存活大任還是交給第一線的業務員。這麼做對某些公司或許還是有道理可循的，但對大部分而言是沒道理的，尤其是那些誤把行銷跟銷售當作一樣的公

司。

會有這樣的想法是因為他們假設廣告是不能夠回本的，是不能夠被衡量的。因為他們總認為大公司有的是資本，所以可以無上限地做廣告，即使錢不見了也沒關係。相信你到現在應該也知道件事有多麼不合理，也不理智了吧。

那麼到底該怎麼處理這件事呢？

基本上你只要學會我即將要跟你分享的這件事情，未來不管你做任何生意都不會失敗。因為你只要用一點點的錢就可以知道這生意是否可行。重點是你無須過度的分析與考慮，你完全可以讓客戶用新台幣跟你證明這個想法是否可行。

接著一旦確定有人願意為你的想法買單、付費，接下來就是把你第三章設計的產品線完整發展。

彼得・杜拉克說：「生意，是一個不斷獲取客戶的過程。」

過去我不了解這是什麼道理，我認為做生意就是不斷地銷售。直到我學會接下來將要跟你分享的觀念後，我才知道這句話是真的。

記得前幾個章節我跟你提到，客戶必須要付錢給你，才可能在未來跟你買更多的產品嗎？因為客戶如果不跟你買東西，他就永遠不知道你的好，自然不可能向你購買更多的產品。

假設你透過廣告，找到了 1,000 個人流覽、訪問了你的名單搜集頁。這些人看到你的廣告後，產生興趣，每次點擊的費

用是台幣 20 元，先別被這數字嚇倒，繼續往下看。

我們假設有 30％的人留下資料，1,000×30％＝ 300。此時你獲得 300 個潛在客戶名單。現在我們來複習一下客戶查詢成本，也就是你花錢請客戶看看你的商品的價碼：

1,000×20 ＝ 20,000（台幣）

20,000/300（留下資料的人）＝ 66.667 這等於是你請客戶來看一下你的產品要花 66.667 元（台幣）。

很貴，我知道！別亂想，先叫腦袋的那個小聲音閉嘴，別讓他毀了你的人生大事。

……繼續往下看。

正常的人在做廣告的時候，就是這個樣子思考的。

但是我們的做法不一樣，我就是透過這個方法，幫助我可以在任何市場獲勝，也就是這個方法讓我的學生成功率翻升。

我把這個稱為註冊當下銷售，請看下圖：

看到了嗎？那個就是轉捩點。

而註冊當下銷售的地方，就是我們之前註冊頁後面的確認頁面。

這地方該怎麼做呢？

這個地方一樣，我們都會有個標準數字，記得前面提到的標準數字嗎？

我們的認知是，新客戶每 100 個看到產品後，會有 2 個成交，此時這個表現叫做很好、很好。如果只有 0.5％成交率，算是差強人意。在這個情況下如果有 300 個人註冊，即使 0.5％的成交率還是有 1.5 人，但是因為人沒有小數點，還是有一人成交。

但是如果成交率 0.5％低於這個數字，就是失敗。

來，小考一下——

此時如果成交率低於 0.5％，第一件事應該要做什麼呢？

如果你回答修改文案，那就要請你把這整個章節再複習一遍哦！

正確的答案是，檢查名單族群是否正確，是否符合你的目標市場。因為如果客戶對你的提案、解決方案沒有興趣，你的文案再怎麼改還是一樣，還是沒有人會買單的！

記住！

正確的順序是：**名單 → 提案 → 文案**。

這個順序永遠不會變動。

　　一開始我們在廣告的時候，當然會設定一個預算，例如台幣 1,000 元。我們會觀察這 1,000 元會為我們帶來什麼結果，在有一個可以依據的數值之前，絕對不可能就讓廣告費直接直奔兩萬，這是不對的。在這個情況下，假設失敗了，那麼這 1,000 元可以讓你知道很多事情。首先可能是你選錯了錯誤的族群，或者是你的提案、想法可能客戶不喜歡。

　　透過這一點點的錢來做對的測試，可以省下很多時間以及摸索的工夫，更何況現在你連產品都還沒生產。（等一下我會告訴你產品的地方該怎麼處理）

　　現在我們假設這個地方你做得很好，你達到了 2％ 的成交率，你的產品售價是 1,680 元。

$300 \times 2\% = 15$　　$15 \times 1,680 = 25,200$

　　現在我們來算一下，剛剛你的廣告花費多少呢？

$10,000 \times 20 = 20,000$

　　而你的營收是 25,200 元，因為是知識產品，所以成本為零。

　　試問，當你在股票市場投資 20,000 元，一個月後你發現可以回收 25,200 元。這就像如果你投 1 元，可以回收 2 元，下一步你會怎麼做，是不是繼續加碼。在這種情況下應該沒有人想要設定上限吧。

　　這代表你廣告越多就會銷售越多啊。所以在我們的眼裡，設定廣告預算是一件很奇怪的事。

那麼在這個地方該怎麼做銷售呢？

首先你必須要很清楚地記得，這是一個確認頁面。所以你一定要告訴客戶他剛剛索取的東西，或是你答應給的贈品，等一下就會送達到客戶的郵箱。

你可以這麼說：恭喜你，你已經成功註冊，剛剛要送給你的東西系統正在準備中，預計 15 分鐘後會自動送達你的信箱，在那之前還有一點時間，我為你準備一個特別的影片（或文章）相信能對你有所幫助的（客戶想要的結果）。

以上這一段話是一個框架，你必須要這麼做，客戶才會願意看你的影片，畢竟等待的時間還有 15 分鐘，那麼看一下這個可以達成結果的影片也不錯啊。

記住，這是讓客戶願意看影片或文章的前提。但是，接下來我要跟你分享的事情很重要。很多人就是在這裡搞錯了，才無法順利將產品給銷售出去。

當你在做銷售的時候，一定要留心前後的訊息必須做到一致性。如果你無法維持一致性，那注定一定會失敗

很多人學會網路行銷，尤其知道搜集名單是多麼有效的事時，都感到很興奮。但是這些人都發生了一件很悲劇的事，他們空有名單卻沒有銷售量！！！現在讓我們為這些勇士默哀，最起碼他們願意行動，不是止於空想，只是暫時方法不到位而已。

什麼是所謂的訊息一致性呢？

比方說：店家做的生意是極限運動產品，但是廣告宣傳送的贈品卻是誠品折價券，當然不會成交啊，因為會想要買書的人，不見得是極限運動的愛好者啊，所以後續賣出產品的機會是微乎其微。

這是大多數人犯的錯，是導致賣不出去的關鍵。

那麼在註冊當下該賣什麼呢？正確的做法是，你要**逆推流程**。

因為你要銷售的是極限運動產品，所以你的目標客戶一定是喜歡極限運動的人。那麼他們需要什麼東西，才可以讓他們在玩極限運動的時候，玩得放心，玩得更盡興呢？

於是經過調查後你得知客戶的問題是什麼。例如：極限運動的客群，客戶普遍會有的困擾是不知道自己體力能不能勝任，安全性夠不夠。

此時，廣告的宣傳文案可以主打：七個玩極限運動時好玩又不會受傷的方法。

當然被這個廣告吸引而來並留下資料的都會是喜歡玩極限運動的人。接著在確認頁面，你可以賣給他們在家訓練手冊，或是做極限運動時安全裝備。因為他們是希望做極限運動時同時可以安全又不受傷的人，於是就一定會有人在這裡買單。

而此時我們的目標是 2％的成交率。

看到了吧！我們的目標不是所有人，是那些經過溝通後，覺得你的產品適合自己的人。而你只要把每次的銷售注意力放

在這些買家身上，你就等於幫自己一個大忙，從此再不會想要扒著每個客戶的大腿不放，你可以做回自己，找回尊嚴。

當然了，最後還有一個問題尚未解決，就是在這個頁面該怎麼賣產品呢？

一樣的，這個頁面的影片在一開始的時候，你要先與客戶確認他已經成功註冊，以及你要送他的贈品稍後才會送達的訊息。

接著你開始跟客戶談論在進行極限運動可能會發生的問題，在這裡你要把客戶想要知道的事都跟他說，通常是那反對意見或有疑慮的那些事，只要你依照本書學習的方法跟客戶溝通，最後客戶一定會得出一個結論，那就是他需要什麼產品，而這個產品剛好跟你銷售的產品相吻合。

此時，你只需要提出你有什麼產品，可以幫助他解決問題，以及下一步你要他做什麼才可以把這個產品帶回家，把想要的人生找回來。

而當你開始一門事業，不知道這件事是否能夠成功時，在這裡有個技巧可以幫你一個很大的忙。你可以運用「預售」。

記得在前幾章我們提到特斯拉賣車的例子嗎？它就是先收錢再生產。所以，你一樣可以銷售你還沒有生產的產品。所有流程跟文案都一樣，只是最後在提案的地方，清楚明白地對客戶說：「這個產品預計在幾月幾日上市，為了謝謝你現在加入，我願意用對折的價格提供這個產品給你，如果你錯過了這

次機會，產品正式推出時，價格將調回原價。」

此時一定會有人購買，我們的預期一樣是 2 ％，不管有沒有達到，最起碼有個指標數值好做事啊。

現在你已經學會永遠不會失敗的創業法了。

Hive-Five ！恭喜你！

12 賣不好怎麼辦？

　　現在，我們客觀地想一想，即使你做對了每件事，總是會有不如你意的，對吧！

　　比方說在預售後，最怕的不是賣不出去，因為這頂多只是損失一點廣告錢。但如果有幾筆訂單成交，卻只有幾個人購買怎麼辦，這時候還要製作產品嗎？

　　這問題確實是困擾許多人？

　　通常在把產品賣出去後，不管賣了幾個，透過客戶與你的互動，你一定會有感覺，這個東西會不會大賣。怕的是賣出去後，互動很差、買氣很差，這就令人頭痛了。

　　因為如果只有幾個人，還要生產產品嗎？這效益似乎不對。

　　針對這個問題，有兩個做法——

　　一，如期把產品做出來，然後在下次推出新產品的時候，你可以把這次銷售不好的產品當作贈品。這樣就等於是別人付錢給你做產品，試問天底下哪有這麼好的事。更何況這次，是客戶預先付錢給你做產品，不像以前，是你做好了還不知道賣不賣得出去的情況，所以還是完成它吧。

　　二，你真的覺得銷售太少、太差了，少到你真的沒有動力

把它完成。那麼你可以選擇把費用全數退還給客戶，但是真的要這麼做時，你必須要妥善處理，因為客戶雖沒有損失金錢，可是他實質上還是損失了時間，尤其是要一個人下決定做一件事，那是很不容易的。此時雖然你將費用全數退還，但客戶難免還是會生氣的，因為你讓他的期待落空了。

　　這時候比較圓滿的處理方法是，你可以跟客戶說：「因為某某理由（要客戶可以接受又合理的）這次的產品無法如期推出，所以我們會把你的費用全部歸還。但是為了感謝你這次的支持，我們將送給你一個特別贈品作為感謝。」當然在這個階段你也可以承諾說，未來新產品推出時會給他五折優惠。

　　相信這樣客戶就能夠接受了，畢竟錯在我們，姿態還是擺低一些吧！

13 什麼時候開始生產產品？

　　最後，這是很多人都會問的問題——預售成功後什麼時候開始製作產品呢？

　　因為這是屬於知識產品，不是汽車，也不是太空梭，就我的經驗值，通常時間訂在你第一天推出廣告後十四～二十一天後是最恰當的時機。因為時間少於十四天，你可能無法賣出足夠的產品，若多於二十一天則會讓客戶感覺等待太久，會讓人失去購買的動力。

　　畢竟任何讓客戶現在就行動的原因就是限時、限量。所以客戶一看到可能還要一個月以上，購買的衝動頓時就減了一半，覺得到時再說吧。此時不僅客戶興趣缺缺，當事人的你也會因為看到銷量不夠而萎靡不振。

　　所以在做銷售前，你一定要訂出一個第一次上課的日期，或是產品推出的日期，接著再把時間往回推五天就是你的銷售截止日。因為你需要時間緩衝，比方說，你決定在八月十八日開始推出課程，那麼你的最後報名日期為八月十三日，接著再把這個時間往前推十四天，就是你的廣告推出的時間。

　　而且這樣做有另一個好處。因為你有明確地說出這是預售，所以在八月十三日前可以用早鳥的價格報名。接著一等到

八月十八日課程正式上架後，你就可以立刻開始用正式價格銷售這個新產品。

就這樣我用這種方法製作出數十個的產品，帶來的營業額超過數千萬。

Tips：不管做任何事，一定要給出一個明確的截止日期，決定一個開始日期，然後現在就開始行動！

14 醜，其實是我故意的

我曾經被網友寫信攻擊，先把網頁做漂亮一點吧！這麼醜的網頁怎麼出來當老師。當下我其實很受傷……

幸好，新台幣不會瞧不起我們的網頁。

其實我們也有能力把網頁做得很漂亮，但是網路是一個特殊的環境。你必須要讓讀者有反差感，尤其是跟產品相關的頁面。所以有銷售影片的頁面，我們通常只是放一個影片，頂多加上一些描述。

下面這個網頁我想酸民看到也會吐槽，但是，這個是呸姐生平第一個網路名單蒐集頁。這個很醜的網頁 FB 廣告亂下都月入十萬，被眾多媒體採訪，還出了人生的第一本書。

你發現原因了嗎？是的，因為我們都是針對客戶說話，不是在自說自話，我們在溝通彼此的信念與夢想。我們知道我們的網頁都很醜，但是我們是故意的！

現在你知道這個秘密後，有沒有很開心啊！

這個媽媽，如何透過正確的投資理財模式，在家照顧小孩的同時，

還可以有穩定的理財收入來支應家裡的開銷。

讓自己把家庭的財務打理的井井有條。

同時，可以花更多時間陪伴小孩，夫妻感情也更好了。

...而這一切只需要簡單的五個步驟

請輸入正確的EMAIL，索取這個秘密訓練影片...

⚠ 我們影片不會寄送垃圾郵件給你，未來的每一天你只會收到最新的投資理財相關訊息

幸運女神事務所絲雨老師

　　我是絲雨，家住桃園，是幸運女神事務所、北京樂懷心理諮詢有限公司董事長，創傷療癒治療培育講師、心靈風水權威。我的網站：www.umiocean.com

　　我很喜歡 Marc 老師的影片教學，即便我很忙碌，在我早起時可以撥空看，有學習小夥伴一起努力的感覺真的很好！感謝您一路以來的支持。讓我們學員們之間相互合作求進步。

　　我從 2012 年開始跟隨至今，雖然說自己忙碌，但也一直不斷在累積網路上的規則關鍵字、FB 廣告、GOOGLE 廣告，偶而自己會下一些廣告來示範給我的員工，讓剛出社會的大學生明白如何操作跟學習。技術的傳承是需要多練習的，我跟我的團隊也都是有目標地在進行。

　　我的小團隊四個人把銷售模式從價位調整，到影片問答包裝，大概一個月的時間整理，然後一週的時間在社群裡廣告，收穫三十六萬業績，這是令我們振奮的事情。

　　我自從 2013 年把「觀元辰轉好運」這個觀靈技術在電視播出

後快速轟動全台，複製仿冒，百家爭鳴，而我又立志將這個技術與我自己研發出來的創傷後壓力疾患療癒技術傳承下去，我成立了我的第一家公司，從學員培養到教課，還要經營公司，在命理心理諮詢這行業，許多學員自認技術可以，也回宮廟、寺廟、工作室自己開業了，而我在內地的學員同一屆學員就出了四個老師自立門戶開課，教授我教的東西，那麼我們的競爭優勢又是什麼呢？

就是品牌，從公司立案經營到現在，加上凡有過必留下痕跡的過往經歷，讓我們的團隊實力堅強，品質對了，那麼推展行銷就得與時共進，那一年我也是一個靈感使然而南下找 Marc 老師，談了我當時的狀況，然後開始做中學習，他帶著我從錄影、修影片、架網站（雖然我曾經是電腦工程師）這些都是從卡卡不順，到今天直播又或是錄影自然的過程，跟我許久的客人都知道我培育出許多強而有力的弟子們、學生們，但是我出馬就是服務頂尖企業家或是重症的權威性是不曾改變過的。有賴於現在網路資訊發達，變成營銷上不可或缺的利器，網路世界無國界，從 2015 年開始我擁有全世界為我飛來上課的學員，無論我在哪裡教課，線上個案與教學也在累積當中。

暫時不會推薦別人來上課，因為，我並不想要同行超越我！好東西自己先用的概念，這個私心讓我保有一下吧！

Chapter 5

把生意做大

Digipreneur

1 如何賺更多錢？

要擴張你的事業，只要專注在三件事：

1 獲得更多的新客戶

2 賣更多的東西給老客戶

3 提高產品的價格

這三件事情看起來表面上很簡單，如果你單單只看字面上的意義來運作的話，一定會運作得很辛苦，接下來我會告訴你如何有策略地看待這三件事。現在我們先來做個簡單的數學，看看如何透過這三件事幫你做大生意。

假設你原本的客戶有 100 人，請注意，這裡的客戶一定是有付錢向你購買任何產品或服務的人，只要超過一元都算。

在他們剛成為你客戶的時候，假設都是支付給你 1,680 元買一個在家自學的課程。

$100 \times 1,680 = 168,000$

代表你的營收有 16 萬 8 千元，在此我們先不討論成本問題，因為有太多的可能性，就直接假設廣告費是 1 萬。因此在這次的行銷活動中你獲利 15 萬 8 千元。

此時，如果你沒有其他產品，那麼未來你就只好不斷地透過

廣告來招攬新客戶賺錢。但這絕對是最累的，因為面對每一個新客戶，你都要重頭開始建立信任感，而且不一定次次都能成交。

這就是大多數人創業的問題，他們沒有其他產品可以賣給客戶。

這樣什麼都沒有⋯⋯

結束。

但如果你有三個產品，入門產品 1,680 元，中間產品 3,680 元，高單價產品 36,800 元。

現在我們回到剛剛這 100 個新客戶的例子來看。

$100 \times 1,680 = 16,800$

行銷費用 10,000 元

純利：158,000 元

此時這 100 個客人裡面，有 20 人跟你購買中間產品：

$20 \times 3,680 = 73,600$

而這 100 個人裡面有 5 個向你購買高價產品：

$5 \times 36,800 = 184,000$

$158,000+73,600+184,000 = 415,600$

發現了嗎？只是新增加兩個產品，獲利就從 158,000 直線上升變成 415,600，是不是再怎麼樣也要想辦法增加產品線了呢？

看起來就像表述數字一樣，這麼簡單。但如果你沒這麼做，那就虧大了。

2 如何獲得更多新客戶？

現在你已經十分清楚，我們對於客戶的定義就是有付錢向你買東西的人，即使只消費 1 元就算是客戶。

透過剛剛的例子你已清清楚看到，一樣的客戶數，產品線增加兩個，獲利就提升將近的 260%，真的是很驚人的數字。

那我們再想像一下，如果你的客戶數增加成三倍，你的事業會變成如何。如果你的客戶數變成十倍，你的事業會變成如何？

是不是很神奇！？獲利會是你之前想像不到的！

問題是，如果事情的發展能這樣順利就好，但很多事絕對不會照著我們的劇本發展，不然這個世界就不好玩了。

為了解決這個問題，當提到賺錢的時候，你就必須要有前端（產品），後端（產品）概念。

什麼是所謂的前端呢？你賣給客戶的第一個產品就是**前端產品**，這個產品的目的是用來獲取客戶用。因此在這個地方願意投資最多錢的人將會是贏家。

剛剛的例子，投 10,000 元，最後實際獲利 158,000 元，此時願意再拿 10,000 元來投資的人有可能就會再獲得額外的 158,000 元，如果拿 20,000 元可能就是 316,000 元，依此類

推。而被廣告吸引而來的人，一旦成為客戶後，就有可能在未來向你買更多產品，你會賺到更多的錢。

問題是，事情絕對不可能這麼順利發展，因為隨著你的廣告，競爭對手看見你賺錢也會跟進，同時客戶到最後會變得該買的都差不多了。這時候就演變成削價競爭，誰賣得便宜，誰就可以吸引客戶。

這是弱者的做法。

強者的做法

來，讓我們來看看強者的做法，讓你的對手嚇得吃手手。

郭董！台灣的驕傲！

他在搶訂單的時候，通常都會用極低的價格拿下訂單。很多人都會說他有錢啊，他少賺一點沒關係啊。

表面上看起來似乎是這樣，但如果你用這種方法看郭董，就會學不到他的精髓。因為他不是削價競爭，他是賠錢賣，賠到對手直接投降，因為他的競爭對手若是用和郭董一樣的價格把產品賣出去，一定會面臨破產倒閉的命運。

那郭董為什麼敢呢？

首先他的目的是先取得訂單，此時對方已經成為他的客戶，接下來他就慢慢調高價格就好。你要知道很多時候做生意考量的不僅僅是價格，你還要考慮到對方的規模能不能跟你做生意，他如果沒有錢買材料怎麼辦？如果你要擴張事業，他沒

有錢跟你一起擴張怎麼辦？

所以價格絕對不是第一考量因素，很多東西都要一併考量後才能決定。憑藉著這點，郭董拿下訂單後，逐漸地把價格調高。最終成為品牌電腦商最大的供應商。

這是郭董。但是如你我一樣平凡的人，該怎麼借鏡呢？

你還記得我們的產品，有前端產品跟後端產品嗎？前端產品是為了獲取客戶，後端產品則是為了獲利。而做生意贏的原則就是願意用更多錢獲取更多客戶（買家）的人會是最後的贏家。

在網路上銷售產品時，通常我們會做一個銷售漏斗，這是一個一連串銷售的過程，通常完成 3 萬元的銷售是發生在 25 分鐘之內。也就是說，在 25 分鐘內客戶可能連續購買三個產品。如剛剛的例子，客戶被吸引後，可能的流程如下：

$1,680 \rightarrow 3,680 \rightarrow 36,800$

我們在來看成交率的問題，通常新產品第一次銷售會是 2％的成交率。接下來的第二個產品會有約 20 ～ 33％的成交率，第三個也是約 20 ～ 33％的成交率，成交率通常依照產品對客戶的重要性而定，這裡提供的是一個假設的數值。

如果硬要我給你一個指標值，你可以把它訂在 15％，若低於 15％就需要修正，高於 15％就是可以接受。但在我的心目中，不管任何行業，我都會把 33％當作我的指標，這是我個人奉行的標準。只是現在建議你用 15％即可。

　　這裡的想法是，既然現在你可以創造三個產品，在這種情況下你也可以比原本只有一個產品的情況獲利提升 260 ％。那麼同樣地，你是不是可以創造出另外三個產品賣給現有客戶呢？

　　我們假設你的客戶取得成本是台幣 800 元，也就是每賣出一個 1,680 元的產品，你需要花費 800 元。但是隨著對手的進入，你的產品價格不見得可以維持 1,680 元，可能會變成 1,280 元，此時獲利硬生生短少了 400 元。同時會因為對手太多，客戶選擇變多，你的客戶取得成本可能變成 1,380 元。

　　這就是很多人在網路上最後面臨的問題，當產品賣出去的時候，就是賠錢的時候，所以很多人不敢下廣告。

　　但此時，你只要有郭董的氣魄，用賠錢的方式銷售，賠到對手覺得人生毫無意義你就贏了。當然我不是叫你真的賠，你一樣要清楚明白怎麼賠你才可以吞掉對手的市場。

　　此時你只要改變產品結構即可瞬間改變結果。

　　我們來看看，現階段你的客戶成本來到 1,380 元，不僅是你，你的對手也如此。但是你賣的售價卻是 1,280 元，很顯然地這沒有賠到破產就不錯了。

　　但是你還記得，你有第二個產品，賣 3,680 元嗎？每 100 名客戶中有 15 位會購買。

　　我們來算一下總數，如果這個時候你賣出 100 個產品。

$$100 \times 1,280 = 128,000$$

成本 100×138,000

128,000 － 138,000 ＝ － 10,000 →倒賠了一萬

但是接下來，有機會立刻賣出 15 個產品，我們假設表現不好，只賣出 10 個

10×3,680 ＝ 36,800

此時減去剛剛賠掉的 10,000 元，你還獲利 268,000 元。

你還記得做生意贏的原則嗎？願意花錢來取得更多的客戶。

此時你還有 26,800 元的獲利，如果你願意拿 16,800 元來投資，你的對手一定會開始懷疑人生。這時候我們不是要拿來買更多廣告，是要調整產品價格。

現在你的客戶取得成本是 1,380 元，售價是 1,280 元。

此時如果你把 16,800 元拿過來補這 100 個產品，他們每個可以便宜 168 元。如果你拿 26,800 元來補，每個可以便宜 268 元。

這代表你的產品硬是比對手的 1,280 元便宜了 280 元。這時候如果你願意把第三個產品的獲利往前補，此時你的第一個產品，有機會變成售價是 680 元。

此時整個局面變了。

你的對手會直接放棄跟你 PK 這個產品，因為不管怎麼做他都會賣輸你，不如放棄還比較實際。但因為你的產品總銷量沒變，只是你的價格硬是比其他人便宜一半，請問客戶會不會

大量湧向你，搶著找你買。

　　此時因為客戶大量湧向你，你的客戶數一下子就會多了許多，此時就會有更多人買下你的第二個產品，也會有更多人買下第三個產品。

　　透過這個策略，你的企業將會像在沙漠找水的人，喝到第一口活水，甚至是可以擊敗對手的聖水。

　　這就是獲得更多客戶，讓對手嚇到不敢還擊的策略。

3 如何賣更多東西給老客戶？

　　現在有很多的社群媒體，以及很多的行銷管道。但如果你一定要我說一個，而且又是以最輕鬆，最有效的方法來做行銷的話，那麼我只會推薦 Email。

　　我知道當聽到 Email 的時候，大多數人的第一個反應都是誰還會用 Email。但那都是表面現象，如果你實際去調查，就會發現使用 Email 的人數每年都還在增加，而且 Email 被認定為較隱私、較正式的溝通管道。所以 Email 絕對還是最有效的溝通管道。

　　那麼為什麼一聽到 Email 就會被立刻認定為無效？

　　因為大多數人認為 Email 都是銷售信件，或是垃圾郵件，Email 裡根本不會有什麼重要的事，所以不值得一看。可是當你把場景換到 Line@ 或是 FB 或是最夯的 IG 也是一樣，沒人看就是沒人看。問題根本就不是出在使用平台的熱門度，而是出在你的訊息對這個人有多重要。

　　要證明有沒有效很簡單。如果你有申請信用卡電子帳單，那麼每個月只要是信用卡公司寄來的信件你一定會打開，如果你不小心漏掉帳單忘了繳款，那麼你就會有信用不良的紀錄。所以正常情況下，絕對沒有人會忽視或不去開啟信用卡公司寄

來的信件。

這就是所謂的重要信件。

而你只要把寄給客戶的信，變成是重要的信件，客戶就會優先讀取你的信件。大多數人在這裡犯的錯就是每天不斷地寄信，而信件的標題永遠是促銷，內容永遠是直接賣東西，在這種情況下你寄出的 Email 直接被忽略，其實也只是剛好而已。

但我們都不是信用卡公司，那麼該如何提升在客戶心目中的重要性呢？而且一天到底該寄送幾封信呢？很多人甚至擔心寄太多信件會引起客戶反感。

你有沒有曾經跟朋友通信的經驗呢？

如果是朋友寄來的信，你一定會優先打開，因為他是你的朋友，他不是那個一直想要叫你買東西的人。有時候一封信件你來我往，一天甚至可以高達 50 幾封都沒問題。

套用在這裡也是一樣的，只要你能夠在寫信時，用朋友的角度出發，說說自己的事，分享生活上遇到的小故事，以及這個小故事可以如何幫助到你的朋友，試問這樣的信件內容客戶會不會看呢？只要信中談論的是客戶所關心的事，應該是會想看的，對吧！

此時你只要不經意地在信件裡面附上你建議的鏈結，只要客戶有興趣他就會動手點擊。若這封信沒能引起客戶的興趣，那下一封就改換不一樣的角度溝通就好。

就這樣不要給客戶太大的壓力，每週固定時段，甚至每

天，甚至一天好幾次寄出信件給客戶都是沒問題的。

而在數位創業家的世界裡，所有的產品關係建立都是透過 Email。具體來說你可以把社群媒體想像成是吸引客戶注意力的地方，因為客戶有時候真的不會開信，但是一旦成功吸引客戶注意力後，他們會再度回到 Email 看細節，並且透過 Email 做出購買決定。

所以我們並沒有否定社群媒體，它絕對有一定的存在地位，而且比重也很重。但是如果你真的很懶，希望只做一件事就好，那麼就是 100％用 Email 跟客戶溝通，此時會有人注意你的訊息，有人不注意，你只要把心思放在會注意你訊息的人身上，然後不斷地透過廣告找到更多這種人。

那麼你就能夠在未來賣出更多產品給名單裡那些需要你提供的產品或服務的人了。如果他還不是客戶，那麼你的第一個任務就是持續不斷地提供訊息，把它變成客戶。如果他已經是客戶了，那麼就不斷提供比競爭對手還好的產品給他。

現在問題來了，該如何寫一封有效的信件呢？

主要分成以下幾個部分——

1 標題：

2 開頭：

3 內文：

4 呼籲行動：

標題

標題通常會用與時事相關的熱門話題，或是客戶困擾的問題來吸引客戶的注意力。

這裡提供給你一個小秘訣。如我跟你說過的我們都不是文案天才，有時候想再多都是多餘的，倒不如模仿真正高手的架構。很多時候我會上網直接參考《柯夢波丹》雜誌封面或類似這一類的雜誌，他們都是透過封面標題來吸引客戶。

封面的標題下得夠吸引人，客戶就會購買，反之就乏人問津。（如右圖）

當你找到可以模仿的標題後，接下來就是開始用朋友的口吻寫一封信。

首先是開頭：你還記得我們要當客戶的朋友嗎？

所以開頭的地方會很簡短地寒暄天氣，說說這幾天的近況。

通常我都會簡短地分享幾句，昨天晚上我做了什麼事情，或是今天準備做什麼事情。基本上都是一些閒話家常，因為朋友就是這樣，先寒暄問暖、聊一下近況。

✒ 內文

　　請注意，「內文」絕對不是賣東西介紹產品的地方。很多人在這裡犯的錯是：他們在這裡賣東西，而有些人想要表現出自己的善意，所以會在這裡不斷地做教學。

　　我們認清一個事實吧！

　　這個社會，每個人每天的工作很多。要煩惱的事情也很多，沒有人會在乎你的產品，也沒有人在乎你信件中的教學。直到他自己覺得你正在討論的這件事對他很重要，他才會認真看待，在此之前你的產品對客戶來說一點也不重要。

　　所以絕對不要在這裡提到產品或是教學，別增加客戶的煩惱了，否則你就真的會看到客戶永遠不開信的情況了。

　　接下來通常我們會說一個簡單的故事，不用什麼驚天地泣鬼神的故事。可以是家裡小狗的故事，也可以雨天被雨淋到的故事。重點是這個故事得出來的結論，可以讓客戶感覺到他需要一個東西。

　　假設你賣的是呼吸訓練，當客戶學習呼吸後，會獲得的好處很多，其中一個就是可以讓他的脾氣穩定下來。

　　那麼你只要回想，你的生活中，或這幾天發生的事裡面，什麼時候你即將暴怒了，但是因為適時地記起來用呼吸來控制情緒，讓你跟另一半的關係不致於因不受控而傷了彼此的感情。

　　就這樣，你簡單地講述一件事，讓客戶知道原來情緒不好

的時候，懂得使用你獨家的呼吸法，就可以控制情緒，這可以有效地管理情侶間的關係。

當你講完故事後，客戶就會意識到，他需要這個產品，想像一下如果你每天的信件都是這麼有趣，客戶怎麼會不想點開來看呢？

呼籲行動

在呼籲行動的地方，我們並不會直接要求購買。這時候你還需要做一件事，才能夠有效地讓客戶每天看你的信，否則就會讓客戶覺得浪費時間。

你還記得我剛剛跟你提到不要直接做教學嗎？

是的，我們不直接做教學。但是在這裡，我們會做個總結。用剛剛的這個例子，你可以跟客戶說——

如果你想要時時管理自己的情緒，在家你可以用以下這三個步驟：

當你發現情緒不穩定的時候，只要記得使用這三個步驟：

步驟一：

步驟二：

步驟三：

照著這樣做就可以有效的管理好情緒。

當這個動作完成後，客戶就會真心覺得你的信件是有價值

的，跟信用卡帳單一樣重要。也因為你的信件不會帶給他什麼負擔，還會提供很多有趣或實用的故事、經驗與他分享，自然而然客戶就不會排斥你的信，反而會期待你寄來的信會帶給你什麼有趣的內容了。

最後你只要簡單做個呼籲行動，就大功告成。

這裡你可以這麼做：

現在你知道有效在家管理情緒的步驟了，我有一個進階課程，它告訴你 21 個在家練習的方法，就像我面對面指導你一樣，你可以到這裡把它帶回家。

此時客戶看見的是一個幫助朋友的人，而實際上你也是在幫助客戶。這就是我們每天在網路上賣出更多產品給客戶的秘訣！

4 提高產品的價格

　　一提到提高價格，大多數的人第一反應是漲價。實際上，可以從三種角度來思考價格這件事。

角度一、適時地調漲你的產品售價

　　通常建議一年調整一次，調整的幅度沒有定性規定，重點就是要調整。因為隨著時間的前進，理論上你的服務成本也會不斷地提升，而且在客戶的心裡有個很有趣的現象。客戶會認定價格越高的產品越有價值。

　　此外，因為客戶覺得你的產品越有價值，就會更認真看待這件事，就有可能會更認真學習。一旦客戶認真學習就會得到成果，他就會再向你買更多的產品，你也會提供更好的服務。

　　在這種情況下，會創造一個彼此都好的正向循環。

角度二、提升服務範圍

　　有些人他的產品永遠都是在 680 元～ 1,680 元～ 3,680 元之間徘徊。但是我們要面對一個事實，在這種情況下，你的獲利永遠只能勉強打平，過過小確幸的生活。

　　追根究底，為什麼只能賣這個價格，因為產品能為客戶

創造的價值就是這樣而已。那麼為什麼不為客戶創造更大的價值，大到客戶覺得即使價格高達 36,800 元，還是會覺得很值得。

既然都要創造產品，如何創造一個可以幫助客戶更多的呢？

透過這個思維，將會直接翻升你的事業獲利。

角度三、創造整個產品線

在這條路上，我見到很多人創造了無數的產品，但是這些產品都是低價的入門產品。不是說低價的產品不好，問題出在這些產品都是不相關的屬性。

一個產品可能是教太極，另一個可能是教呼吸。

但是你想想，在真實世界裡，一個認真的學生有可能太極學了一個月就放棄了嗎？大多數都是一學就好幾年。記住！沒有人想當半吊子！

所以，請就一個品項不斷地發揮你的想像力，不斷地設計更進階的產品，來幫助你的客戶達到他渴望的結果與目標。

當你在審視你的事業架構時，只要把這三種價格的角度帶入裡面，整體獲利就會瞬間提高了。

5 別讓你的客戶失望

到目前為止你已經知道前端產品，跟後端產品會影響到你的客戶取得成本，甚至是直接打敗對手的關鍵因素。

你也知道，提升產品價格會影響整體獲利。更知道了，只要每天透過 Email 不斷地跟客戶建立信任感，客戶就會向你購買更多的產品。

基本上上面的流程，就是大家常在談的銷售漏斗。而很多人也都在討論並且認真為自己的事業設計銷售漏斗。這個邏輯就是從低價到高價，用價格來過濾真正的買家。

當你在使用這個方法跟邏輯的時候，你必須認真地探討這為什麼可行。當你仔細探討後，你會發現這個方法源自於兩百多年前。當時人們接收訊息的方法很單純只有廣播、海報、信件。所以你可以有效地控制客戶如何看到你的產品訊息。但是現在客戶不會乖乖地按照你的順序去看你所提供的訊息，即使你把訊息隱藏得再好，管理得再嚴格，還是會被客戶分享出去。

所以你必須要認知到，銷售漏斗這件事只發生在銷售的那一整個當下，無法像過去一樣拉長到 1 ～ 2 個月，讓客戶慢慢地從低價買到高價。

那麼現在客戶買什麼？

客戶會買出現在他眼前的任何東西，只要這個東西是他喜歡的，價格方案他也可以接受，他就會買。即使這個是進階產品，他也會直接購買，而且很多時候客戶會在買了進階產品後，再反過來買入門產品。所以你根本無法控制這一整個過程。

因此你只要記得，把各種能夠幫助客戶獲得成果的產品，放在有需要的客戶面前就足夠了，其它就是交給客戶做決定了。

另外，你必須要有各種價位的產品。

很多人做這門生意時候，把產品的價位只定位在高價，或是只做低價產品。但是客戶很有趣，有些人天生就是喜歡買超高價，因為他覺得這種產品的價值才是他要的，而有些人喜歡先從入門的買起，因為他想要先試看看。

這沒有對錯，每個人的想法本來就不一樣。既然客戶如此，你就不應該把自己限制在某個價格範圍，你可以不斷地提供各種價格的產品給客戶，但這裡有個重點請記住，請幫自己還有客戶一個忙。

那就是，一次只提供一個產品，否則客戶不知道該買什麼。這個時代做決定本來就很複雜，因為你比客戶了解你的產品，那就交由你來幫客戶決定什麼適合他，接下來再讓客戶自行判斷這是不是他要的就好。

如果你不這麼做，那麼你的客戶就會轉而投向你的競爭對手，因為客戶真的很喜歡買東西，只是你必須要提供他想要的東西給他買。

別再讓你的客戶失望了！

▶ 如何有效地做 Facebook 呢？

　　首先你必須學會判斷，如何善用 FB 的行銷活動設定。接下來我為你錄製了一個影片，透過它你會清楚地知道該如何操作。

6 自動化銷售的迷思

　　這是吸引很多人進入我們這行的原因。他們接受到了一些市場上的訊息，認為只要每天買廣告，當廣告開始自動運行後，就可以什麼事都不用做，天天穿著海灘褲，躺在度假飯店的躺椅上，喝著調酒看著眼前的大海以及比基尼辣妹。

　　我也好希望是如此，但至今我沒有真正見過任何一個人能辦到。你還是需要努力工作，還是要每天寫信跟客戶建立關係，你可能需要錄製課程。但是如果你做的都是你喜歡的事，那麼你就不會感覺到這是在工作，自然你也會過得很開心，這也是我寫這本書的目的。

　　那到底有沒有「自動化銷售」存在呢？

　　有的，當客戶看到廣告，進入到名單搜集頁，以及接下來的那一瞬間銷售都可以是自動化的。但是在這個過程之後，你還需要手動每天給客戶寫信，上網開場線上研討會，甚至是做場直播與客戶加深互動、提升一下黏著度。

　　接著一旦客戶被你的任何一個行銷活動引起興趣後，他就有可能再次進入你的下一個自動化銷售流程。

　　看到了吧，這個生意是介於自動跟手動之間，這兩者是並存的。所以請快快丟掉全自動生意這個想法吧，並不是只要把

產品上架後就全面都不管了,你還是要設計流程、贈品、和客
戶建立信任感,回到現實面享受這個工作、熱愛這個工作才是
正確的!

 免費獲得客戶名單的方法

一個事業能不能碾壓對手,靠的就是這個策略了。如果
你想要像隻綿羊慢慢來,那很好!但是如果你想要每天都笑
著醒過來,毫無疑問,你應該看看這個終極策略。

八年級網路創業家 Tifa

　　我是 Tifa，我很喜歡貓、攝影、拍網美照，是個樂天派。喜歡表達自己的觀點。網站：http://darichschool.com/

　　恭喜我最敬愛的 Marc 老師，出第二本書啦！雖然半路才認識老師，但幸好我在 25 歲就遇到老師，所以還有機會追趕上，Marc 老師曾跟我說過，老師之所以現在有這樣的成就，很大一部分是因為老師在我現在的年紀時，貧窮過、失敗過、被人嘲笑過，甚至最愛你的家人都不看好你，但你沒有被打敗，振奮地爬了起來。其實我深受感動，除了在專業上的指導，老師時常告訴我們這些學生一些重要核心思想、人生哲學，真正讓我們追隨的，是老師那勇敢、正義、認真的精神！

　　在向 Marc 老師學習之後，我對於整個網路事業，很有方向感，好比一艘船，以前我只知道甲板有什麼，對船艙一無所知，而現在不但可以掌握方向盤，一有風吹草動，都逃不過我的眼睛，立即就能找出問題、解決問題。再者，以前我在網路上都是幫別人賣東西，從來沒有自己的中心思想，就像機器人一樣，很會做但不會思考，也不知道怎麼思考，現在不但找回自己的核心

價值，而且我可以做自己，這點是我感到最快樂的，我可以在網路事業上，分享我的觀點和論述，還可以得到不錯的收入，我不用害怕有人不喜歡我，因為 Marc 老師說，會喜歡你的就是會喜歡你，他們也只是跟隨你的買家，我們只做自己。

2018 年三月向 Marc 老師學習後，同年四月～七月，在短短的四個月，透過 webinar 銷售，做到賣出二十萬的個人業績。

回想 2017 年時，我是一個剛開始工作不到兩年的社會新鮮人，在職場上打滾，那時候我是做業務工作，薪水起起伏伏，也領過高薪，平均薪水有到達五萬，即使如此，我卻沒存到什麼錢，因為開銷非常多，再怎麼縮衣節食，跑業務就是有車馬費、請吃飯的基本開銷。後來我真的覺得這樣下去不行，所以我想再另闢其他收入，我找過兼職打工，但是白天跑完業務工作後，真的很累，而且時間不一定，實在很難找到合適的兼職，最後真的走投無路時，我在網路上看到有人分享寫部落格就可以賺到錢，經過評估後，我想我可以嘗試看看寫部落格，於是我毅然決然就開始了網路事業，那時候的我真的以為在網路只要寫寫文章，經營部落格就夠了，寫了一陣子部落格，也有些小流量，那時候我都是依附著其他廠商，他們要賣什麼，我幫他們寫推廣文，完全沒有自己的中心思想，只能當人家的打手。直到有一天，我發現我需要自己出來當老闆，因為這些合作的人，有些理念我無法認同，甚至我也看到很多檯面上號

稱老師的人，背地裡幹了很多不能見人的勾當，我真的無法接受，為什麼做生意就一定要用拐騙的方式呢？大家賺錢都很辛苦，做生意要對得起自己、對得起客戶！所以我果斷地離開原本的團隊，可是我沒有放棄原本經營的部落格網路事業，卻找不到方法更上一層樓，身邊認識利用網路創業的人，方式都很奇怪，例如：假帳號、撒名單……等等，都是不能長期持續經營的，所以想轉型的我摸索得很辛苦，而且常常不知道做什麼是對的，一直很糾結。直到遇到Marc 老師，老師一開始就告訴我正確的觀念，整個網路世界的遊戲規則，贏的策略，而且 Marc 老師在課堂上中，每一個步驟都非常直中要害，不廢話，照著老師給的 SOP，做就對了。除此之外老師常常在核心教練圈和我們分享他的核心思想、獨特的見解，常常一語道破我們遇到的問題，不但是用在事業上，甚至整個生活，走進 Marc 老師的教室不只是來聽課，更是來學習怎麼當一個善良正直成功的創業家！再說一次，我很開心 25 歲就認識 Marc 老師！

實際上我已經大力推薦兩位以上的朋友來上老師的課程，只要有人跟我聊到對網路創業有興趣，我都大力推薦 Marc 老師，我和朋友說：「你們很幸運，第一次學習網路創業就直接遇到最棒的老師，過去因為我的不了解，學了很多不是正確的模式和方法，但你們真的很幸運！不用再花多餘的冤枉錢，也不用繞遠路了！」

Chapter 6

未來發展的可能性

Digipreneur

1 實體事業如何擺脫削價競爭

　　任何一個事業，始終都要面臨尋找更多新客戶的問題。假設你的產品是直接面對最終使用者，那麼在這本書上學習到的方法將為你大大地加分。以下讓我們以手機產業鏈為例來做說明。

　　一部手機生產後，要交到客戶的手上，讓他們可以打電話或是上網，都有標準流程。受限於篇幅這裡沒有辦法一一列出來，現在我只是為你舉出簡略模式來說明，只要你看懂了，那麼任何產品你都可以由此舉一反三、觸類旁通。

　　下面的這個流程是很概略的，這個產業十分龐大，如果要說明需要十分詳盡。但是現在我們的目的只是要清楚這個方法如何被實體產業所運用，以及哪一個環節適用，所以這個簡易流程就夠用了。

品牌商 → 組裝廠（組裝手機廠） → 零附件工廠 → 原材料廠

　　從這個流程你可以看出，品牌商是把手機實際交到客戶手上的人，我們把最後真正的使用者客戶稱做終端客戶。只要任何一個事業位於終端客戶的這個環節，那麼對整個產業鏈而言他就是老大，因為只要他的基本客戶群夠多，就足以撐起一個產業鏈。

如果你覺得不容易理解，你可以想像 Apple 跟台灣科技代工產業之間的關係，就能明白其中的微妙關係了。

只是如 Apple 這麼大的公司，他們不僅有官網直接把產品銷售給客戶，市面上同時有水貨商，各家電信商在銷售 Apple 的手機。想像一下，在這個情況下要銷售同品牌、同款手機，售後服務都是由原廠提供，賣家該如何脫穎而出。

我們先從電信商的角度來看，當客戶決定要使用 iPhone 的時候，考量點不外乎上網的速度、上網的價格、手機的續約價。因為這些電信商資金都很足夠，所以他們可以不惜削價競爭，當然他們絕對不是吃素的，當你被低價或是某一個條件吸引而決定使用他們的電信服務後。勢必在後面你一定要付出代價，不然電信商是無法生存的。

而市面上很多小手機行，就算他們不是電信商直營的，一樣還是要當電信商的店裡商。而每間店提供給客戶的條件基本上都大同小異，這時候客戶該如何做出選擇呢？對客戶而言，如果選到最後一點優勢都沒有的話，還不如回到直營店直接續約算了。

這大概就是多數實體店家的困擾，不管你賣的是什麼東西，基本上競爭對手也有，而且品質都很優良。就算你開一家義大利麵店，你說你的口味很棒，但是在客戶真的把你的麵條吃下肚子之前，一切都只是你的一方說詞。

而這裡面又有很多人事成本、固定管銷成本存在，此時為

了求生存，那麼最簡單的方式就是削價競爭。問題是通常這種削價競爭並沒有使用前端、後端產品的概念，所以會導致營運困難（如果你忘了這是什麼，請往回看，很重要！）。

我想這是大多數店家的困擾。如果你是品牌商的老闆，只要你是直接面對最終使用者，那麼一定都會有同樣的困擾。

當然做生意的老闆都明白這個道理，因此他們希望客戶直接知道產品的效果，於是就提供試吃、化妝品試用。但是如果你今天是賣皮帶的網拍店家，你沒辦法提供試戴，該怎麼辦？因為在客戶實際把你的皮帶繫在身上，被朋友稱讚前，是絕對不可能知道到底適不適合、喜不喜歡啊。

更何況提供樣品是需要成本的。假設你提供保養品試用包，若一組台幣 10 元，你估算這個月要有 1,000 個客戶購買，才足以打平店內的開銷。我們假設實體陌生客戶的成交率為 7%，我沒開過實體店面，但我認為這個成交數字是相當高的，所以以此當作計算基準應該不會相差太遠。

試用的客戶 ×7% = 1,000　→ 試用客戶 = 14,286 試用人次

14,286×10 = 142,860 元 →這是樣本試用包的成本

而且這只是樣品的費用，還不包含營運成本、傳單的費用、廣告的費用。看到這麼龐大的數字，這也難怪當老闆的都直接使用削價競爭，因為這樣比較快！

但是只要一削價，公司賺的利潤就不多，就無法有多餘的

資金擴展事業，自然無法提供給員工較好的薪資，形成了一個向下螺旋的惡性循環。

通常會發生這個問題的原因不外乎兩種：

1 不知道如何有效又系統化地吸引客戶前來。

2 把自己視為一個賣家，而不是問題解決專家。

還記得前面有提到，客戶都是因為有一個問題需要被解決，所以在條件允許的情況下會購買服務或產品來為自己解決問題。

問題是，大多數的客戶都不知道自己的問題是什麼，就算他們知道問題是什麼，也不知道解決方案在哪裡。就算知道有解決方案了，也不知道哪一個適合自己。到最後終於知道你有解決方案，但他還是需要先了解這個產品適不適合自己啊！

而大多數的店家，都當作所有的客戶知道自己的問題是什麼，也清楚店家提供的服務是什麼，所以就直接用削價競爭的方式來營運。

就這樣，客戶在購買東西前真的很困擾。因為他的內心困擾真的太多了，而這些問題基本上都不是產品好不好、適不適合自己的等級問題。

因此你只要在客戶購買前，為他們解決問題，就可以建立起專家的形象，自然你的機會就會比同行大。客戶會把價格當作優先考量，通常也是因為有太多他不知道的事，如果要一一

解決，真的是一件極為痛苦的事。此時在客戶的心裡就會變成挑產品品質差不多的，價格便宜一點的就一定錯不了。

但是實際上客戶的問題還是沒解決，因為此時只是因為價格便宜一點而購買，並不代表問題被解決了。

所以在這個階段，你只要提供客戶解決問題的方案，那麼客戶一定極為感激。而現在你看過了這本書，你知道可以使用EBM 的方式，跟客戶作溝通。但通常在這個時候，我會聽到很多反對的聲音，這些聲音不外乎是——我們又不是知識提供者，怎麼提供給客戶相關的知識呢？

基本上你可以的！而這些知識不一定要是教學。

例如：客戶在購買浴室磁磚前，一定會比較市面上很多品牌、材質的磁磚，也會上網查找許多資料，當然他們更想知道的是這些產品的底價是什麼，怎麼買才不會被騙。

此時你只要針對這些想買磁磚的人做廣告，然後提供一份衛浴磁磚選購大全，從各種品牌的優缺點，到價格以及適用環境。當有需要的客戶看到這則廣告點擊後，就會被帶到你的名單蒐集頁，此時真的想要這份資料的人就會留下資料下載。

這時，你就有了準客戶名單（有買磁磚需求的人），而且你還可以在註冊當下賣給客戶選購磁磚秘笈（也可以是付費諮詢），當然了這麼做的目的就是要用來打平廣告費。你覺得，這樣是不是可以在不花錢的情況下讓買家自己找上你，並且建立起你的專家形象呢？

我知道這時候你會問，那我是賣衣服的怎麼辦？

我不想做電子書可不可以，可不可以更簡單一點？

當然可以！

記得我們的大原則——解決客戶的問題。

此時你只要在廣告上打出可以五折購買某個產品，因為價格也是客戶在意的問題之一。可能會有人說：「你不是說不要削價競爭嗎？怎麼還打對折，這豈不是自打嘴巴。」

是的，我們是打折，但這是有策略的。

首先在客戶點擊廣告後，立刻就會被帶到我們的名單蒐集頁。此時告訴客戶，請在這個頁面上面留下你的聯絡方式，我們將透過 Email 發送五折券給你。一旦客戶留下他的聯絡方式之後，在確認頁面立刻提供僅此一次的購買訊息，例如原本 1,000 元的上衣現在只要 680 元，（當然你必須要確認這個價錢是有利潤可賺的），以此吸引想買便宜的客戶。

此時我們不期望每個人都買，只要有 2% 的人購買就滿足了，這是我們的遊戲規則！

而不管他有沒有買，他都已經留下了資料，留下資料這個動作讓你明白他對你的產品感興趣，他同意你在未來持續提供產品訊息給他。當然這張折價券一定有使用期限，所以你只要在註冊的時候表明限時七天，相信最後一天時間一到就會有不少客戶主動進網站來購買。

而未來如果你願意的話，也可以提供這些客戶穿搭諮詢，

甚至成為他的一對一收費諮詢師。

看到了嗎？

你的事業僅止於你的想像力。

相信現在你知道這本書你學習到的策略，可以如何幫助你改善實體事業的業績了吧！

2 不用跟人見面，也能做直銷

在 2015 年，我曾經經營直銷約兩個月的時間。當時選擇這麼做的原因是因為，我的學生裡面有五分之一是直銷商。他們都希望透過我的方法在網路上以不打擾人的前提下找到經營者。但是在那之前，我不曾真的經營過直銷，但我知道我的方法一定可以找到客戶。即使我知道使用我的方法是必然能得到結果，但我總覺得老師應該直接示範一次，自己應該跳下去親自驗證才對，於是就開始了我短暫的直銷生涯。

別再說制度、也別提產品

在輔導學生的時候，我發現他們最在意的就是不想列名單以及打擾親朋好友，同時也想要尋找最新的商機，因為他們的認知是市面上的直銷市場都被開發完了，真的有在直銷領域賺到錢的，都是早期進入市場的人，這代表人們只對卡位感興趣。

請面對一個現實，如同前面跟你說過的。在這個時代產品品質好都是最基本，沒什麼好自誇的，萬中選一的公司所生產的產品，其他競爭對手也可以做出來。至於制度我想每家都有自己的特色，而且到最後都是大同小異。所以產品與制度絕對

不是最重要的。但有一件事情我覺得倒是重要於產品與制度，稍後會再讓你知道。

我發現大多數人在做直銷的時候，第一個問題就是逢人就說自己的產品好，他們試圖開發可以見到面的任何一個人，想當然這麼做一定會困難重重。因為這些想要透過直銷翻身的人，都沒有把自己定位成問題解決專家，而是定位成一個賣東西的商人。

在這種情況下，不管你的直銷公司再好，你都只是被客戶選擇的份。甚至還必須用話術引誘朋友到會場，說真的這樣通常會導致最後朋友會做不成。當你沮喪地回去受訓的時候，團隊裡的人便會叫你再去找其他人、列名單，直到你的朋友封鎖你，看到你就怕，到時你就成功了。

你看到了什麼？是看到悲情，還是看到問題？

希望你把注意力放在問題上，因為當你看到客戶的問題後，你就看到了機會。

當時我看見了大家都不斷地尋找新的機會，但是他們的問題在於不想得罪朋友，可是卻又無法開發新的名單。而且他們的信念是，必須卡位當市場第一，才能夠賺到錢。

當我清楚地找出問題後，我挑選了一間可以線上成交的直銷公司。為什麼挑選線上？理由很簡單，我是網路行銷老師，就一定要在線上完成，這才有說服力。

這是我在行銷時提出的第一個訴求，不用跟人見面。同時

我也重塑大家追求最新商機的信念。因為實際上真正的問題在於他們沒有一個系統性的行銷系統策略，導致無法找到真正想要經營直銷的人，所以只好從親朋好友下手。而新產品只是給自己的一個藉口。

就這樣在我們重新定位這件事後，重新為這個事業奠定一個基礎，在不跟人見面的情況下擺脫了傳統的限制。

如你所知，我是一個極度害怕銷售的人，也不喜歡處理管理問題。於是在團隊組建初期，我挑選了六個人作為我的培訓教練，由他們代替我做與人溝通的工作。

為什麼這個計畫會如此成功呢？

當時六個教練裡，我選擇 Lion 作為我底下教練群的頭。因為他為了學習真正的網路行銷，為了展示他的決心，毅然決然地辭去保險公司區經理的職位，他的魄力讓我印象深刻。

我為了解決所有人無法開發陌生客戶的問題，我禁止他們列名單。因為如果不改變過去的習慣，就永遠不可能產生改變。但剛入門的人如何能透過網路讓客戶自動找上門呢？

記得嗎？我們是問題解決專家。

不會打廣告？沒關係。我們來測試，證實有效後，跟著做就好。

我們的流程如下：

廣告（尋找有興趣的人） ➜ **參加線上研討會（我不說明產**

品，只談論客戶的問題）→面試

在這整個事件裡，Lion 負責打廣告測試，甚至連線上的教練都是由他去做。唯一由我來做的事，就是在研討會上由我來和客戶談論他們的問題，並且讓感興趣的客戶付錢參加面試。

是的，你沒看錯，要加入我們的團隊還要付錢參加面試。當然我們不是要賺這個錢，我們要的是一個人的決心，這只是在測試他是不是真心想要做。一旦通過面試審核，這個面試金就會轉成他的入會折抵金，如果沒有通過審核，我們也會將他的錢 100% 還給他。這就是讓這個方法徹底有效的原因。

就這樣我們打破了傳統，禁止列名單、禁止提到產品、禁止提到公司。而人們害怕的銷售由我在線上研討會處理，最後我團隊裡面的人只要扮演審核的角色，就像求職面試時面試你的主考官們，面試著要進入我們團隊的成員。

想像一下，當你去面試一份工作時，你的心態是什麼？是不是很渴望被錄取呢？當時的情況，就是如此。透過這個策略，於是有一群人看見了新的機會，一個可以成長的事業機會。

有趣的是當時我挑選的這家直銷公司當初還沒有落地，所以禁止提到它的名字。但即使有落地的公司，也不希望在網路上提到他們的名字，他們對所有的會員說，這會失去吸引力。但實際上這很沒道理，國外目前有很多新興的直銷公司全部都是用網路開發，而產品都是清一色的知識型產品。

　　而且實際上我跟很多公司的主要領導談過，其實他們本身都在訓練網路團隊，只是一直沒有成功，為了不讓團隊裡的人失望，所以才說不可以透過網路營運。

　　為了符合公司的規定，當我在行銷時完全沒有提到產品，也沒有提到制度，從頭到尾只有提到公司的名字兩秒鐘。

　　就這樣，我們在沒有見到客戶的情況下，一個月內就在網路上陌生開發並且成交了 232 人。

　　聽到這裡，你是否還會覺得公司很厲害、產品很厲害是很重要的一件事？這是客戶真正要的嗎？客戶在乎的東西嗎？

　　不是的，客戶要的是一個機會，一個可以成長的機會。

　　很可惜就在經營這個直銷團隊一個半月後，我因為違反公司規定，被開除會籍了。就這樣當時每年都會有 200 萬的被動收入不翼而飛。

　　更離譜的是，已經進到我戶頭的一萬美金，還硬生生地被抽回。我寫信質問公司，公司回答說這是新政策。

　　或許你會很好奇，我被開除會籍的原因。

　　很簡單。每家直銷公司的大忌就是跳線，也就是說當時誰帶你進來的，為了感謝他，你賺的錢都必須跟他有關。而在我的立場，我是去幫助帶我進來的人賺錢，不是他們幫了我，更何況我是要測試我的策略，我自己有能力不依靠任何人賺錢。

　　因為習慣了獨來獨往，也不喜歡上線和下線對話的方式（當然他們對我很客氣），但我就是討厭被關心進度，畢竟我

是一個喜歡自由的人，怎麼可能被綁住。

於是我選擇跳到這個組織大領導的下面，或許你會以為我可以得到什麼好處對吧？

沒有！什麼都沒有！我沒有尋求過任何的幫助！全都是我自己透過網路完成的。就如我前文所提到的，因為過去我家是做傳統生意的關係，所以我極度痛恨看人臉色，更不會向任何人開口要資源。

就這樣我被開除會籍，只拿回一開始投資的 6 萬。當下我告訴自己再也不要碰直銷，尤其是那種沒有在台灣落地生根的直銷公司。

如果你問我直銷公司要找哪一間比較好呢？我會毫不猶豫地建議你，合法、發薪水穩定，其他至於產品、教育訓練、公司歷史，真的都不是重點。畢竟我都跟你分享了我的做法，而我的很多學生，現在都用這套方法去發展自己的團隊，效果很好。而且如果你要讓眾人看見你，那麼你就要當一個叛逆的靈魂，市場才會注意到並看見你的存在。

現在 Lion 變成指導直銷還有保險業務員在線上開發客戶的專家。

還有誰用這個方法在營運呢？目前用這個方法成功的有 Ch，還有元均，他的最高紀錄是一天網路上有四個人自動找上他。

3 網路上眾籌

當你看見一個巨大商機時，通常出現的第一個問題是資金，再來是人才。

但是你可以透過眾籌這個方式，在網路上尋找到你的合作夥伴。讓有錢的人出錢，有力的人出力。

基本上這件事不是只有在網路時代出現，是自從有人做生意以來就一直出現的。只是由於網路發達，變得更容易找到一群志趣相投的人。

問題是，你要把產品上架眾籌，有一定的門檻，並不是每個人都辦得到的。但是只要你的企劃是完整的，你的樣品也做出來了。接下來資金的問題倒是不用太擔心。

因為現在你學會了我們的一切技巧，你可以直接在網路上尋找想要投資新產品，也對你即將生產的產品感興趣的人。

流程如下：

廣告 → 眾籌說明會註冊頁 → 研討會

你有沒有發現，募集資金這件事反倒是比把產品賣出去的流程更容易。

創業的資金不再是問題，現在你知道怎麼做了，下一個。

4 尋找你的另一半

　　網路交友不是什麼新鮮事。但是當你真正使用交友平台時，瞬間男生就變成弱勢團體，硬生生地變成被挑選的對象。因為很多人都想競爭同一個女生，這變成跟實體是完全顛倒的局面。

　　為什麼我知道這件事呢？

　　我有個朋友，他是在網路上專門教「吉他即興演奏」。當時他的課程堪稱地表上最貴的。誰會想到一個線上吉他課程學費是台幣 3,680 元起跳，就這樣他在網路職業吉他手圈爆紅。當他開始網路創業的時候幾乎觸怒了所有台灣演唱會的吉他手，這些人甚至為了攻擊他還組了一個將近 200 人的社團，在裡面專門批評他。

　　如果你對自己的口才沒信心，你見過他本人後一定會覺得自己口才很不錯。這裡指的口才不好不是跟人面對面應對。而是在於面對客戶時，在面對眾人時還可以正常的發表自己的意見。

　　我的朋友在面對女生的時候，總是能侃侃而談。每次我們出去辦實體活動的時候，總是會有年輕女生喜歡他，就是那種剛滿二十歲的年輕小女生，走在路上你會回頭多看他幾眼的類

型。

他的其中一位女友很特別，是大陸的網紅，專門透過直播打賞賺錢。他女友偶而會玩交友軟體，有天無意間看到了她的交友狀況。令他大開眼界的是竟然有五千多人要跟她交友，甚至買禮物送給她。

通常選擇太多，女生難免挑花了眼，即使你是那白馬王子，也會因此被錯殺吧。

所以男士們，醒醒吧，如果你想在交友軟體找到一個心儀對象，你真的必須是萬中選一的撩妹高手，同時還要加上祖先保佑才有可能。

但是另一個朋友情況就不一樣了。他單身，但有兩個孩子，也試圖在網路上交友，但是女孩子一看他離過婚，並且還有孩子，就會潛意識地打退堂鼓。

在現實生活中，離婚已經不是太陽底下的新鮮事了，現代人覺得理念契合和能夠長久相處比較重要，何必為了維持傳統的各種想法，而讓彼此的一生都不開心呢？

所以彼此不合適就分開是一個新選擇。而且實際上社會大眾大多都不太在意這些事。

但是就像一開始我曾經提過的，通常你喜歡的異性，在交友軟體也會有很多人喜歡，換句話說你的對手會有很多很多，這時候你該怎麼脫穎而出呢？

當時為了幫這個朋友，讓我想起一個房地產的前輩跟我說

過的話，他的故事讓我謹記在心，在他六十三歲的時候大概破產有五次以上，但每次都能東山再起。厲害的是他六十三歲的時候已經有四個老婆，當然其他的都是女友。

我認識他的時候他有一個女友十九歲，還為他生下一個小孩。我知道你一定會這樣認為：肯定是因為他很有錢，所以女生才會喜歡他。我也希望是如此，至少這樣會讓我好過些。

但事實是，那時候他正破產，而他跟那個十九歲的女生是兩情相悅，最後他那小女友的爸爸還賣了一些土地來支持他創業。最後這個女生遠赴英國為他生下一個小寶寶。

別再說有錢才能認識到真愛，這件事一點道理都沒有。

現在我要把那個前輩跟我分享的秘密與你分享，而我朋友也順利地用這個方法，透過交友軟體一個月內在網路上找到五名約會對象。

方法請仔細聽好囉！

當一個女生條件很好的時候，他的身邊一定會有很多的追求者，這個時候你不斷地在比較財產，那一定會有人比你的條件更好，此時如果真的可以勝出，那事後看起來多半會像一場買賣。

但是這個時候，如果你能仔細觀察，並且發現這個女生內心真正想要的是什麼？她可能只是想要一個穩定的生活，她追求的不過只是一個了解她的對象。

所以在交往前，請先想想我能給對方什麼，再來思考，對

方能給我什麼？

想一想彼此給的條件划算嗎？

如果不划算，也就是有一方會感到吃虧，那就再談過。

不過當時這個前輩是用他把妹的方法來跟我比喻做生意也是這麼一回事。因為做房產的建商，必須要很會行銷，而他就是用這方法賣出很多房子。

但他透過分享他把妹的經驗讓我們了解關鍵在哪裡。為什麼舉這個例子呢？

因為人類的需求裡，對異性的追求永遠是一個不可去除的環節，所以他也巧妙地用故事的方式讓我聽懂了「行銷的真諦」。

先想想客戶的需求，看看自己能給客戶什麼（產品），再來開價（提案）提出自己的需求，看看這樣雙方都能接受嗎？

如果彼此都能接受，那就成交！

不可以，就再找下一個！或是換個方式再談。

而當你在做提案的時候，你還記得在前文學到的什麼是行銷嗎？行銷是談論客戶的問題。

於是我請那位單親朋友列出他覺得女生可能會擔心的問題，以及他的應對方案。就這樣一個月內，他透過交友軟體成功約到五個女生。

重點是，他讓符合他條件的異性自己找上來，此時如果雙方看對眼了，當然就配對成功囉！

見證&分享

跨界趨勢行銷創辦人
郭崇宏 Alvin

　　哲學家培根說「知識就是力量」，上了 Marc 老師的課程後，讓我對知識的涵意有不同的體悟，透過老師的教學，讓我重新定義「知識就是財富」。

　　謝謝老師交給我的不是一支魔法棒，而是教我行銷的魔法技巧，讓我可以在任何地方、任何時候，都有能力從零開始，只要透過一台筆電和一條網路線。

　　一開始我把課程上所學到的技巧應用在直銷陌生開發上，通常直銷人最害怕的是列名單、打擾親朋好友，找盡各種理由帶人到會場。而我透過老師的行銷魔法技巧，讓想要經營的人主動付我 NT$1000 面談金，跟我預約線上面談時間，了解我的團隊、事業。讓我不出門，就能讓買家客戶自動找上門。我的網站 http://www.unbounded-online.com

　　最後，我將這個過程所運用的技巧與經驗，變成一套線上課程，幫助想讓經營者自動找上門的直銷人。更棒的是，我也用這個技巧，幫助易經老師在 7 天內賣出獲利超過 26 萬元的產品。

對我來說這個不可思議的結果，我用了兩個多月的時間規劃流程。我是在 2017 年八月加入 Marc 核心圈，架構好整套流程後，2017 年九月開始有人付我 NT$1000 面談金，想了解我的直銷團隊、事業。之後幾乎每天都有 1～3 個人主動找上我。

過去的我是上班族，為了夢想、為了有更多時間陪伴家人，我選擇脫離舒適圈，開啟創業之路。一開始，我為了找到更多的潛在客戶，把產品賣出去，花了一年多的時間，學習如何開發陌生客戶，光學費就超過 6 位數。就只是為了專注在這件事「如何透過網路找到讓客戶自動找上門的方法」。

在還沒創業之前，我是一位 IC 設計產業的專案主管，平均月薪是 6 位數，但是那是用健康換來的。我在科技業的最高工作紀錄是，連續工作 36 小時沒有閉眼過。連續 30 天、每天工作超過 13 個小時以上，沒有休過假。

有一天我突然有一個想法：20 年後的我，還有這樣的體力在科技產業嗎？ 為了改變現狀，追求持續性的多元收入，我學習投資理財、並且兼職直銷。剛開始經營直銷時，當我的第一圈人脈用完後，我開始面臨沒人脈的困境。後來，我想透過網路解決沒有人脈的問題。

我學習 FB 行銷、微信行銷、微信公眾號、line 行銷、甚至買

了行銷軟體、自動 PO 文、自動加好友機器人，學了很多行銷方法，想解決沒有人脈的問題。但是，透過這些方法，我必須不斷地花時間 PO 文章，吸引關注。我花費許多時間在與陌生網友對談，最終才發現，他們不是精準的目標族群。

在整個網路陌生開發過程，我不斷地經歷失敗。甚至被我的好朋友嘲笑，在一次朋友聚餐時，不斷地冷嘲熱諷：怎麼可能透過網路就可以讓客戶自動找上門賺到錢？ 更別說是經營直銷。在大家面前把我當成一個嘲弄的話題……

那時候的我，真的很難過……很難過，難過的是，嘲笑我的人，不是陌生人，竟然是我認識十幾年的好朋友。當下的我，真的很想舉起雙手，用力地拍桌子走人，然而，我並沒有這樣做。我想，最好的反擊，就是做出成果，證明我是對的，只要用對方法一定可以透過網路讓客戶自動找上門。

直到我找到 Marc 老師，當時為了確認老師的方法真的可以幫助到我。我還特別從新竹殺到台中參加 Marc 老師舉辦的早餐聚會，想跟他聊聊如何透過網路讓客戶自動找上門。

畢竟，在這之前我已經繳了很多學費，學了一堆不是很有效率的技巧。

　　而那一次的早餐聚會，對我來說，結果是值得的，我終於看到機會。那一天，是我的網路創業之路起點，謝謝你！Marc 老師！

　　現在的你，如果學了很多網路行銷的方法，卻沒有獲得你想要的成果，甚至根本沒有在網路上賺到錢，那麼你應該試試 Marc 老師的實戰技巧，在 Marc 老師的課程裡，沒有虛幻的理論、只有滿滿的實戰經驗，帶著你一步一步獲得成果。

　　如果你是網路行銷領域的小白，你正在尋找如何透過行銷的技巧，幫助你擴張你的事業，那麼你應該先聽聽看 Marc 老師怎麼說。因為，你需要的是一套完整的網路行銷流程，而不是片段的行銷知識。

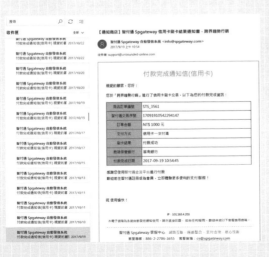

▶ 這是客戶付錢給 Alvin 要加入他直銷團隊的面試金，這個方法改變了業界生態的，應該沒聽過有人付錢來當團隊成員的吧！

見證&分享

「投資・曼谷・不動產」網站站長 Percy

我是 Percy，是一個從台北跑到曼谷工作的台中人，也是「投資・曼谷・不動產」網站的站長——這是一個希望能分享海外創業的知識平台，分享學習觀念、投資理財、管理成功、以及實踐創業的知識與服務，來幫助有志到海外發展的創業家，成功創富，並在世界的舞台上嶄露頭角。

因為崇尚自由，且熱愛閱讀和學習，在邁向不惑之路上，想探詢自然界真正的法則。我希望能幫助人們看見自己周遭的資源，快速擴大他們的收入和資產，在達成財務自由、享受人生的同時，還能幫助別人跟他們自己一樣。

感謝 Marc 老師的啟蒙！網路行銷，對我來說，就像充滿水氣、霧茫茫一片的熱帶雨林，什麼都很陌生又危險（一直花錢……），想要全盤瞭解真的不容易，不過 Marc 老師就像一位有經驗的嚮導，先帶你穿越它，讓你看到彼岸成功的美麗的境地，然後又帶你走回起點，跟在自己的後面，這次讓你自己去走走看，並且享受其中的過程，原本陌生危險的各式各樣生物和環

境，突然變得新奇、刺激又好玩，然後有一天，突然發現自己也可以走出雨林了，經驗收穫滿滿。

觀念思維的改變和突破，對我而言，是最重要的結果。這不僅僅是跳出盒子外面思考而已，而是跳到人生的層次上思考……我發現視野極度廣闊，就像你走出家門，只能看到左右臨樓的城市街景，但在學習之後，突然間就好像搭直昇機飛到台灣上空，看見台灣一樣……再學下去，瞬間又好像搭乘火箭一樣，回頭看見地球……然後飛到宇宙，充滿未知探索的新奇。

Marc 老師還是一位行動派的人，因為我一直在計畫準備，遲遲沒有動手去做，後來被 Marc 老師催促趕快上路，怎樣做都行，就是先起步……然後 2017 年 9 月，我就豁出去想說要開始了，頭幾天跌跌撞撞，不過當有第一筆線上收入的時候，真的有種……看到另一個世界的感覺！然後 2017 年的整個九月裡，我就從完全是零的狀態，收入直接破了新台幣 6 位數字、名單超過 500 位！現在回想起來，真是一種奇妙的過程！

後來為什麼我有辦法成功呢？主要原因是 Marc 老師建立了一個強力支持的社群，然後在裡面我遇到 Marc 老師的好友 Marlon，他應該是我的幸運星吧，跟他海外連線互動，也有許多經驗值，直接告訴我什麼情況該怎麼處理，免除了我自己嘗試錯誤的時間，而且讓我的臉書廣告意外順利（以前不斷被停帳號，現

在怎麼登,怎麼 OK),而另外一個因素,是因為我適逢九月生日,我想要給自己一個與眾不同的生日禮物,所以我就把這個線上課程當作是生日禮物送給自己,透過分享給其他人我所領會的財富觀念。所以在生日的前幾天,我不斷地專注在這件事情上,就像是我的生日 Party,然後和所有參與的名單朋友互動分享,最後就成功了!超好玩的!

現在和未來,都會是網路的時代,如果你還從未在網路上賺過任何一毛錢,真的非常危險,代表這個未來主流的賺錢方法,你不會,你也沒有能力,但這可能是接下來幾年在這個世界上生存的基本法則,是每個人都必須要具備的基本能力!

若你已經是網路行銷老手,那就更不用考慮了,市場上只有 Marc 老師能讓你突破到全新的境界!

事業的流動

恭喜你讀到最後！相信你已經迫不及待地想成為數位創業家的一員了吧。

相信現在你不會覺得沒有產品是一件很重要的事，也不會為了做出最完美的產品，或是自己不是專家誰願意聽你的而感到煩惱。

你也學會了，如何透過網路有系統地把客戶找到你的面前，並且成為客戶的專家。

當然重要的是，你學會了行銷跟銷售的差別。你知道行銷是談論客戶的問題，絕對不是自己的產品，如果你把行銷做對了，那麼努力銷售就是一件多餘的動作。

但是我還是要提醒你，要用整體的觀點來看待這一份事業。因為就我多年的觀察，很多人即使克服了本書的困難，但是他們的事業還是無法大幅成長，賺到可以超過上班族的收入，從此脫離朝九晚五的工作。

主要的原因是，他們都太在乎細節，他們希望把廣告技巧研究到極限，希望可以寫出最好的文案，希望可以找出客戶最想談論的問題。有研究精神、態度認真，當然很好，但通常事情就是在這裡搞砸的。

來，我們再來看一次這張圖。

客戶在什麼時候會被成交？

是不是從廣告一路進到→名單蒐集頁→確認頁→行銷頁→銷售頁，才有可能到達最後的感謝購買頁面。而那些不斷鑽研某個技巧，想要做到最棒的人，就是把自己卡在某個環節。

他說：「我要摸透、找到最好的 FB 廣告方式。」所以他從來沒有機會讓潛在客戶從名單蒐集頁流動到感謝頁面。

他說：「我要寫出最好的文案。」就這樣不斷地學習文案技巧，只是從來沒把自己的產品曝光在感興趣的人前面，當然沒賺到錢，這也是很正常。

我承認鑽研技巧很重要，但是在那之前你必須要讓整個事業流動。就像你開一家店，總不能每天想如何把菜煮得更好吃，一心一意覺得只要東西好吃客人就會來。問題是你不做宣傳誰會知道你的東西好吃，客戶來了，你沒有提供產品介紹，客戶也不知道該吃什麼好，最慘的是你沒有備好客戶付款的方式或

機制。

相信你已經知道我要表達的重點了吧！

先讓整個事業流動，讓系統動起來，然後再來修正、調整其中的細節、步驟，這樣你的事業就可以慢慢地變好。

你的下一步

首先我要感謝你來到這裡，相信讀完這本書後你會覺得花這個時間是很值得的。

而且你也知道，用這種方法成功創造屬於自己人生的不只有我，透過書中的故事及見證，你看到我的學生也做到了，當然你也可以，對不？！

我不希望你讀完這本書後，你受到啟發後，卻什麼都沒做？

好吧，我承認過去很多時候，我也這樣！但你不一樣，你是為了改變才閱讀完這本書的，不是嗎？

因此我不希望這個事件成為另一個事件，所以這就是我希望你做的事情。

請再讀一次本書，每次當你讀到可以實現的東西，或任何類型的可操作步驟，請拿出筆記本，寫下行動步驟，記下第一步，第二步，第三步。當你再次讀完這本書時，你將會知道你該做什麼。

而我們繼續下一步之前，我想做的其中一件事就是，我想為你舉辦一個線上研討會，在那裡我跟你涵蓋了所有這門事業

你該知道的重要資訊。

來吧！掃描右邊的 QR-code，開始你知識變現的網路初體驗。

期待在研討會跟你見面。

🖋 幫助給更多人

現在你已經知道如何用知識來幫助更多人，當然了你很享受這本書，也覺得它很有用，如果你能到博客來網路書店寫一個簡短的評語我會很感激的。

你的支持會讓一切都不一樣，我會親自讀過所有的評語。我可以透過你的評語讓這本書更好。

如果你想要留下評語，你要做的就是點擊這個連結，它將會帶你到這本書的評論頁面。

再次謝謝你的支持！

博客來書評連結 ▶

2019 亞洲八大名師會台北

保證創業成功 ‧ 智造未來！

王晴天博士主持的亞洲八大名師大會，廣邀夢幻及魔法級導師傾囊相授，助您擺脫代工的微利宿命，在「難銷時代」創造新的商業模式。高 CP 值的創業創富機密、世界級的講師陣容指導創業必勝術，讓你站在巨人肩上借力致富。

趨勢指引 × 創業巧門 × 商業獲利模式

誠摯邀想創業、廣結人脈、接觸潛在客戶、發展事業的您，親臨此盛會，
一起交流、分享，創造絕對的財務自由！

2019 年 6/22、6/23
每日上午 9:00 至下午 6:00

地點：台北矽谷國際會議中心（新北市新店區北新路三段 223 號）

憑票免費入場 ➜ 活動詳情，請上新絲路官網 www.silkbook.com

2020/1/25（六）

亞洲暨世華
八大講師評選

魔法講盟・兩岸
百強講師PK大賽

去中心化的跨界創新潮流，已向全世界洶湧襲來，
還不抓緊機會站上浪頭？

百強講師評選PK，我們力邀您一同登上國際舞台，
培訓遴選出魔法講盟百強講師至各地授課，
充分展現專業力，擴大影響力，立即將知識變現！

報名本PK大賽，即享有**公眾演說 & 世界級講師完整培訓**
原價 **$49,800** 元　　　　特價 **$19,800** 元
終身複訓・保證上台・超級演說家就是您！

以上活動詳請及報名，請上 **silkbook○com** www.silkbook.com 或 **魔法講盟**

2019 A The Asia's Eight Super Mentors
亞洲八大名師 高峰會

入場票券

連結全球新商機，趨勢創富，
創業智富

| ■ 6/22 | （憑本券 6/22、6/23 兩日課程皆可免費入場） |
| ■ 6/23 | 推廣特價：19800 元　原價：49800 元 |

時間 2019 年 6/22，6/23 每日 9:00 ～ 18:00
地點 台北矽谷國際會議中心
（新北市新店區北新路三段 223 號）　大坪林站

注意事項

❶ 憑本票券可直接免費入座 6/22、6/23 兩日核心課程一般席，或加價千元入座 VIP 席，並獲贈貴級萬元贈品！
❷ 若 2019 年因故未使用本票券，依然可以持本券於 2020、2021 年的八大盛會任選一年使用。

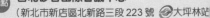

silkbook○co
更多詳細資訊請
(02)8245-8318
官網新絲路網路
www.silkbook.c
查詢》

集國采團際舍